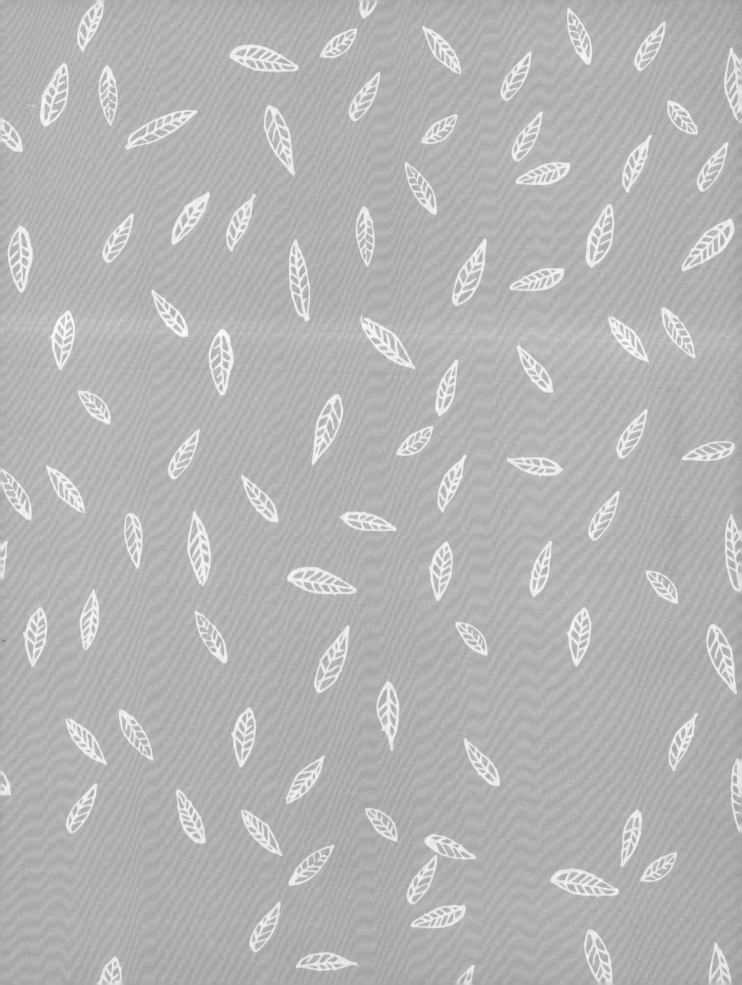

魔法廚娃の
好可愛貼布縫

Su廚娃＿＿＿＿著

實用拼布包

隨身布小物

手作森林呼吸！

生活家飾布品 **30** 選

Preface —— 以手作的溫度，傳遞幸福的力量

慢、慢、慢，放慢腳步去感受，日常生活中的美麗，即使是吹吹風也好。

與手作有關的事物，我都充滿著好奇心，都想嘗試看看。無論是陰雨綿綿，或陽光灑落的時候，只要面對拼布，拿起針線，快樂的心自然就會蔓延開來。

也許是因為我天生的反骨加愛現，想要與眾不同，又想要被看見，於是夢想日漸茁壯，一開始作品登場時，為了加深大家對我的印象，主角人物總是戴頂廚師帽出現，於是廚娃順勢而生。

創作是孤單的，總是在寂靜的夜裡，不斷的修圖再修圖，一張看似簡單的圖稿，也花費好多時間。

創作是開心的，因為作品一發表，四處而來的讚美也絕不吝嗇。

起初是因為興趣讓我堅持著拼布的路，時而信心滿滿，時而跌入低谷。久而久之，讓我再繼續往前推進的動力，是常常有人在我發表的作品底下留言：「很療癒，很幸福。」

我想，這就對了！以手作的溫度傳遞幸福的力量，讓在現實生活遇到憂鬱的人，能夠不知不覺展開笑容，希望我能夠一直一直為此，而繼續努力下去……

Su 廚娃

網路作家
愛玩針線，也愛紙上塗鴉，
一個熱愛手作的家庭主婦。
粉絲頁：請搜尋「Su 廚娃手作力空間」

ΥCONTENTS

chapter.1

廚娃的夢

就讀中學時，
每年的校內籃球賽，
一定得上場，
雖然我只是個矮冬瓜。

明明是個四肢發達的人，
但是一拿起球棒，
卻總是被三振出局。

夢想著，長大後，是個很會下廚的家庭主婦，
於是在心中默默的醞釀了，
戴著廚師帽的可愛角色，這就是廚娃的開始。

不愛讀書，
成天跟著死黨們，
田野鄉間到處跑。

買菜日記

趁著好天氣，
帶著好心情，
上市場去買菜吧！

1 迷你廚娃方形收納包

HOW TO MAKE

P. 63 至 P. 65　紙型 B 面

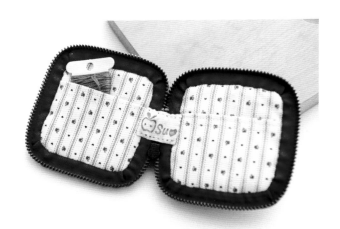

煮婦的一天

家庭主婦，
就是厲害，
想吃什麼菜？
紅燒鮮魚我最愛！

2 料理廚娃 L 形包

HOW TO MAKE

P. 72 至 P. 73
紙型 A 面

歡樂午茶

戴上廚師帽，
就能作出美味的蛋糕，
我最喜歡草莓口味了！

3 午茶廚娃化妝包

HOW TO MAKE

P.74 至 P.75
紙型 A 面

美麗人生

魔鏡魔鏡，
今天誰最美？
有自信的女生，
活得最漂亮！

④ 魔鏡廚娃圓形飾品包

HOW TO MAKE

P.76 至 P.78
紙型 B 面

白日夢

有時候，
只想要一個人，
吹吹風，看看天空，
自在地擁抱白日夢。

5 愛作夢廚娃一字口金包

HOW TO MAKE

P.82 至 P.83
紙型 B 面

我的小花園

快樂的人，
聽得見花開的聲音，
幸福，也聞風而來。

6 採花廚娃側背包

HOW TO MAKE

P.79 至 P.81
紙型 B 面

自拍

每天都要送給自己，
一個甜甜的微笑，
記錄每一天的美好。

 微笑廚娃口金包

HOW TO MAKE

P.66 至 P.67
紙型 A 面

靈感時間

紙和筆，
是我隨身攜帶的好朋友，
靈感什麼時候來說不準，
想到畫下來就對了！

 畫家廚娃筆袋

HOW TO MAKE

P.84 至 P.85
紙型 B 面

如果我有魔法棒

如果我有魔法棒，
就能乘著風出走，
追尋世界的遼闊，
一定很棒吧！

 魔法廚娃小物包

HOW TO MAKE

P.86 至 P.88
紙型 B 面

25

旅人日和

出去走走吧！
趕走心中的烏雲，
只要大步向前，
明天也是好天氣！

 晴天廚娃單提把包

HOW TO MAKE

P.92 至 P.93
紙型 A 面

夢想氣球

每個夢想，
都是彩色的氣球，
充滿力量，就出發吧！
世界比你想的還要大。

11 氣球廚娃提袋

HOW TO MAKE

P.94 至 P.95
紙型 A 面

戀戀針線

與針線相處，
是自在的獨處練習，
聽著喜愛的音樂，
享受不被打擾的難得。

12 蘋果廚娃針線包

HOW TO MAKE

P.89 至 P.91
紙型 B 面

童心

香香甜甜的蘋果，
是我最愛的跳跳床，
永保童心，快樂常伴。

13 跳跳廚娃側背包

HOW TO MAKE

P.96 至 P.98
紙型 A 面
側身・後片口袋
紙型 B 面

蘋果雨

天空下起了蘋果雨，
空氣裡的果香，
滿滿都是幸福的味道。

14 果子廚娃提袋

HOW TO MAKE

P.100 至 P.101
紙型 A 面

First Love

我喜歡蘋果，
好吃又營養，
蘋果是創作的開始，
也是我的靈感女神。

15 長頸鹿與廚娃提包

HOW TO MAKE

P.102 至 P.103
紙型 B 面

chapter.2 宅日常

大多部分的時間，
我都喜歡宅在家裡，
但心中總有帶著創作出走的狂想。

創作是生活的樂趣，
家人是我的最大寄託。

好喜歡小黑人，
他們總是笑口常開的，
讓人心情好好。

朋友都說喜歡我作的小物，
這些鼓勵都是我繼續向前的養分。

戀家

我喜歡坐在書桌前，
提起畫筆，
在自己的小天地裡，
盡情揮灑自由想像。

16 長髮廚娃室內鞋

HOW TO MAKE

P.99
紙型 A 面

慢時間

努力再努力，
順著時間慢慢的走，
我們一定能夠抵達，
最美的目標。

 田園廚娃時鐘

HOW TO MAKE

P.104 至 P.105
紙型 A 面

Happy Family

將祝福之情繡入框裡，送給親愛的家人吧！
相親相愛一輩子，幸福就是在一起。

18 年年有餘繡框　19 百年好合繡框

HOW TO MAKE

P.111
紙型 A 面

Friends

好朋友是生活的必須，是心靈的夥伴，
也是創作的應援團，不需太多，幾個就夠！

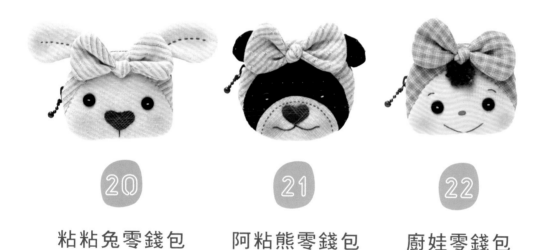

20

21

22

粘粘兔零錢包　　　阿粘熊零錢包　　　廚娃零錢包

HOW TO MAKE

P.106 至 P.107
紙型 B 面

愛自己

只要背起小包包，
隨時都有出走的衝動，
帶著勇氣與夢想，
去看看這個世界。

 幸福廚娃

HOW TO MAKE

P.108 至 P.110
紙型 B 面

49

寵兒

每一個創作，
都有自己的個性。
可愛的迷你小物們，
都是我的手作寵兒。

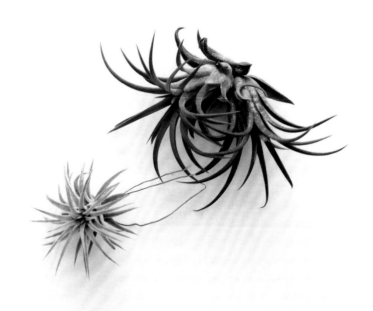

HOW TO MAKE

24 小黑人別針
P.69 至 P.71　紙型 B 面

25 貓咪收線器
P.112 至 P.113　紙型 B 面

chapter.3

魔法廚娃の
拼布小教室

廚娃の
製作前小叮嚀

本書作法標示尺寸皆不含縫份，有含縫份的作品，在說明時都會特別註明。

本書紙型幾乎不含縫份，有含縫份的作品，在附錄紙型都會特別註明。

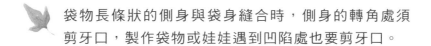
袋物長條狀的側身與袋身縫合時，側身的轉角處須剪牙口，製作袋物或娃娃遇到凹陷處也要剪牙口。

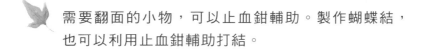
需要翻面的小物，可以止血鉗輔助。製作蝴蝶結，也可以利用止血鉗輔助打結。

利用包釦作娃娃的小物，包釦請加上鋪棉，若無加上鋪棉，縮縫拉緊之後，利用繡線裝飾打結的地方，打結處會明顯凸起，作品就會不完美。

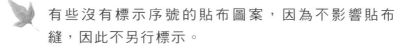
有些沒有標示序號的貼布圖案，因為不影響貼布縫，因此不另行標示。

常用工具

1 描圖紙
2 冷凍紙
3 滾邊器
4 口金
5 剪刀
6 壓克力顏料
7 色粉

8 手縫針
9 貼縫針
10 疏縫針
11 藍色水消筆
12 白色水消筆
13 美術筆
14 丸筆

15 錐子
16 鑷子
17 止血鉗
18 鐵筆（粗、細各一支）
19 包釦
20 釦子

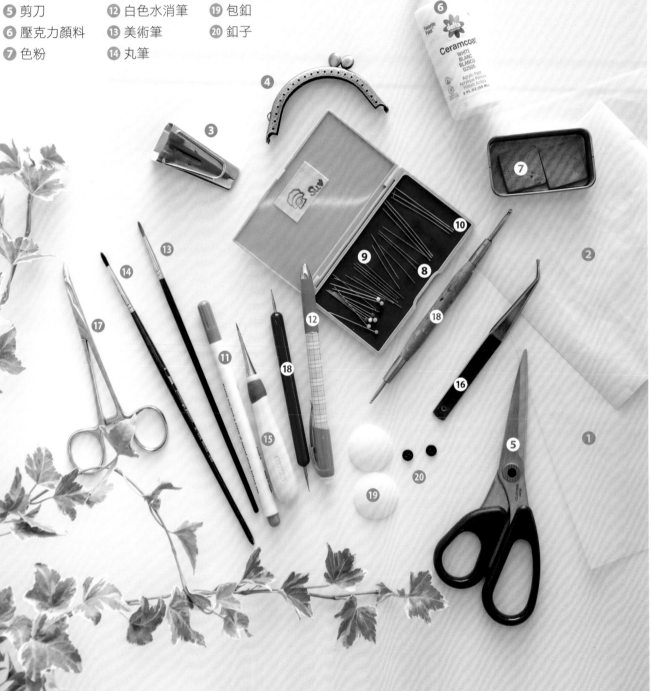

1 貼縫線　　　6 野木棉膚色布
2 疏縫線　　　7 先染布
3 手縫線　　　8 棉布
4 繡線　　　　9 鋪棉
5 皮革線　　　10 拉鍊

基礎繡法

毛邊繡

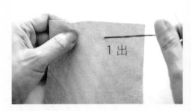

01 1 出。

02 2 入→ 3 出。

03 將線繞至針下。

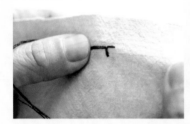

04 拉出。

05 4 入→ 5 出，將線繞至針下。

06 重覆上述作法即完成。

八字結粒繡

01 1 出。

02 將繡線如圖繞成八字結狀。

03 由 2 穿入。

04 繡線拉緊再穿入打結。

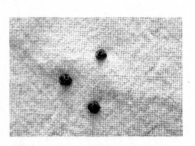

05 如圖完成需要的顆數。

雛菊繡

1 出

01 1 出。

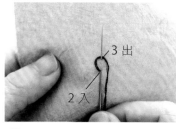
3 出
2 入

02 2 入→ 3 出，如圖將線繞至針下。

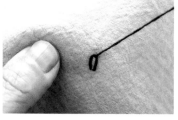

03 如圖拉出。

04 4 入。

05 完成。

輪廓繡

1 出

01 1 出。

3 出
2 入

02 2 入→ 3 出。

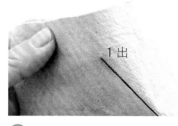
5 出
4 入

03 4 入→ 5 出。

7 出
6 入

04 6 入→ 7 出，如圖完成。

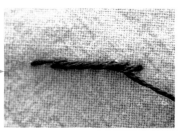

緞面繡

01 如圖以水消筆畫出葉片形狀→1出。

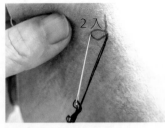

02 從中間開始填滿→2入。

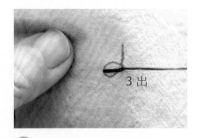

03 3出。

04 如圖填滿即完成。

鎖鍊繡

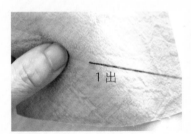

01 1出。

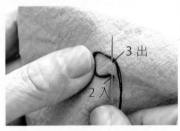

02 2入→3出，如圖將線繞至針下。

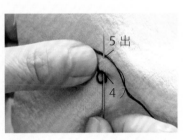

03 4入→5出，如圖將線繞至針下。

04 6入→7出，如圖將線繞至針下。

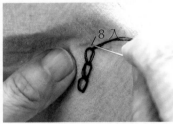

05 8入，固定。

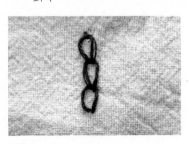

06 如圖完成需要的長度。

基礎蝴蝶結製作

01 表布加裡布正面相對，正面加鋪棉（薄），車縫一圈。

02 依紙型外加縫份修剪。

03 翻至背面將鋪棉縫份剪掉，凹陷處剪牙口。

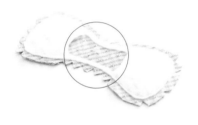  

04 依紙型標示處剪掉鋪棉。

05 剪開裁切口。

06 將止血鉗由裁切口穿入，夾住表布。

縫合

07 以止血鉗夾住表布，將蝴蝶結翻到正面。

08 鐵筆（粗）由裁切口穿入幫蝴蝶結整形。

09 縫合裁切口。

  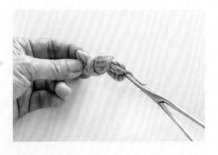

10 蝴蝶結往裁切口摺。　　**11** 左、右兩端往中心點打結（利用止血鉗輔助）。　　**12** 以止血鉗夾住蝴蝶結表布，拉緊。

13 完成。

迷你廚娃方形收納包

☆☆☆☆☆☆☆☆☆☆☆☆☆☆☆☆☆☆☆☆☆☆☆☆☆☆☆☆☆☆☆☆☆☆

材料

- 主色布：12×24cm
- 貼布片：適量
- 胚布：16×28cm
- 裡布：24×24cm
- 鋪棉：14×26cm
- 布襯（厚）：10×12cm
- 包邊條：3.5×37 cm×2 條
- 裝飾釦：3 個
- 拉鍊35cm：1 條
- 繡線：咖啡色、紅色、綠色
- 布標 5cm

01 使用描圖紙將貼布圖案描繪下來。

02 依描圖紙上的紙型（描圖紙背面朝上），再以冷凍紙描繪紙型，將冷凍紙剪下，以熨斗將冷凍紙燙黏在表布背面。

03 修剪貼布片（留 0.3cm 縫份），以熨斗整燙貼布片的縫份（縫份處可沾點膠水加水的調和液，再以熨斗燙一次，使縫份處定型）。

04 將描好圖案的描圖紙疊放在表布正面上，再將整燙好的貼布片與描圖紙以合對的方式，放在表布貼縫的位置上（可以鑷子輔助）。★記得貼布留一小洞，將冷凍紙取下之後，再繼續貼縫。

05 以紙膠帶固定貼布片，依編號順序以藏針縫進行貼布縫。

06 貼布縫完成的表布加鋪棉及胚布，疏縫壓線。
★後片作法與步驟 1 至 6 相同。

07 壓完線之後，依紙型裁剪之後，蝴蝶結縫上裝飾釦，手、足以回針縫刺繡，右手縫上裝飾釦，衣服裙襬繡上結粒繡，足部空白處，以深咖啡色的油性色鉛筆上色。

08 以水消筆先點出眼睛的位置，以結粒繡完成眼睛。

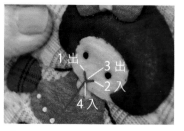

09 以扇貝針法完成嘴巴。

10 以美術筆沾色粉，畫上腮紅（美術筆不可沾水）。

11 以雛菊繡縫上草莓葉子。

12 完成草莓葉子，再縫上左手的裝飾釦。

13 裡袋口袋摺雙，貼上厚布襯（布襯不用留縫份）。

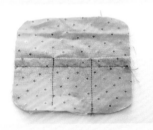

14 口袋袋口 0.7cm 處壓縫一道線，將口袋疊放在裡布表布上，再依所需位置車縫。

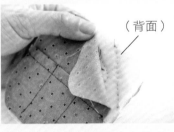

（背面）

15 完成後的裡袋與表布袋身，背面相對疊放。

16 使用珠針固定，疏縫一圈。★後片口袋作法與步驟 13 至 16 相同。

17 包邊條以滾邊器整燙。

18 前、後片袋身各自與包邊條縫合一圈。

19 包邊條縫份往內摺，以藏針縫縫合。

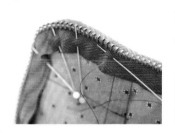

20 拉鍊沿著袋口縫合（袋口與拉鍊縫合記號可多標示幾處）。

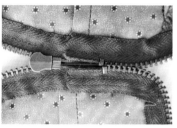

21 前、後片袋身與拉鍊縫合完成之後，拉鍊縫份以藏針縫縫好。

22 翻到袋身正面，沒有縫到拉鍊的前、後片袋身以直針（對針）縫縫合。

23 再翻到裡袋，使用布標以藏針縫合，將拉鍊的尾端遮住即完成。

微笑廚娃口金包

P.20

☆☆☆☆☆☆☆☆☆☆☆☆☆☆☆☆☆☆☆☆☆☆☆☆☆☆☆☆☆

材料

- 表布：15×32cm
- 貼布片：適量
- 裡布：15×32cm
- 鋪棉：15×32cm

- 裝飾釦布片：3×3cm
- 黑色釦子（眼睛）：2個
- 裝飾釦：2個
- 包釦襯片（1cm）：1個

- 8.5cm 口金：1組
- 繡線：黑色、紅色、深咖啡色
- 壓克力顏料：紅色

01 以描圖紙將貼布圖案描繪下來。

02 依描圖紙上的紙型（描圖紙背面朝上），再以冷凍紙描繪紙型，將冷凍紙剪下，以熨斗將冷凍紙燙黏在表布的背面，將臉部位置剪開。

03 額頭處的縫份，以熨斗沿著冷凍紙整燙（縫份處可沾點膠水加水的調和液，再以熨斗燙一次，使縫份處定型）。

04 將表布翻至正面。

05 使用裁剪好的塑膠型版，描繪貼布的圖稿輪廓。

06 依編號順序以藏針縫貼縫圖案（貼縫布片的處理，依照步驟2的冷凍紙整燙方式）。

07 將臉部夾入額頭處的頭髮，進行最後的藏針貼縫。

08 以繡線繡上眉毛、嘴巴。

09 以美術筆沾色粉畫上腮紅（美術筆不可沾水）。

10 以鐵筆（細）沾壓克力顏料，畫上鼻子。

11 表布加裡布正面相對加鋪棉，留返口依紙型縫合一圈。

12 依紙型外加縫份修剪。

剪牙口
13 翻至背面，將鋪棉的縫份剪掉，凹陷及轉彎處剪牙口。

14 止血鉗由袋身返口穿入，夾住袋底。

15 利用止血鉗的輔助，將袋身翻至正面。

16 翻至正面後，以鐵筆（粗）由返口穿入幫袋身整型。

17 返口以藏針縫縫合。

18 臉部落針壓線,頭髮處以 2 股繡線壓線(壓線時可以珠針或別針稍作固定)。

19 縫上眼睛。

20 縫上裝飾釦。可利用包釦襠片作頭髮上的飾品,作法請參考 P.69 步驟 6 至 8。

21 前片袋身加後片袋身,依紙型標示位置直針(對針)縫縫合。

22 袋身中心點對準口金中心點。

23 中心點先以疏縫線暫時固定。

24 以皮革線由口金的第二個洞穿出(使用手縫線也可以)。

25 由口金第二個洞穿出之後,再由口金的第一個洞穿入,以回針縫的方式重複縫合即完成。

廚娃小叮嚀

每貼縫完一片圖案,就要將冷凍紙取下(貼布片留一小洞,使用鑷子輔助夾出冷凍紙)。

26 後片:作法同步驟 11 至 18。

P.51

小黑人眼鏡掛飾

☆☆☆★☆☆☆★☆☆☆★☆☆☆★☆☆☆★☆☆☆★☆☆☆★☆☆☆★☆☆☆★☆☆

材料

· 主色布：9×16cm
· 身體布片：5×6 cm
· 鋪棉：7×14 cm
· 蠟繩（細）：4cm

· 包釦（3cm）：2 個
· 棉花：適量
· 繡線：黑色
· 毛線：適量

· 壓克力顏料：白色、
紅色、黑色
· 別針：1 支

01 依紙型畫出圓圈，再以 3cm 包釦畫出圓圈。

02 先以白色水消筆畫出眼睛、嘴巴、鼻子，再以丸筆沾白色壓克力顏料上色。

03 鐵筆（細）沾紅色壓克力顏料，畫上鼻子。

04 待眼睛白色顏料乾了之後，再點上黑色壓克力顏料。

05 表布依紙型修剪成圓形，再加上鋪棉，以繡線裝飾嘴巴（2 股黑色繡線）。
★若沒加上鋪棉，繡線的打結處表布就會凸凸的（尤其淺色布更為明顯）。

06 將鋪棉修剪成圓（圓周比表布少 0.5cm），表布疏縫一圈。

07 放入 3cm 包釦，把線拉緊。

08 拉緊之後，再順著疏縫一次，打結。

09 以白色水消筆標示出頭髮的位置。

⑩ 手縫線先穿出右邊的第一個標示點。

⑪ 取一節毛線，毛線尾端對摺，放在標示點上，手縫線繞過毛線一圈。
★毛線不剪斷。

⑫ 手縫線再從標示點穿出，拉緊。

⑬ 重複步驟11、12完成頭髮。

⑭ 身體的表布摺雙（正面相對），縫合前、後兩片。
★跳過0.7cm間距不縫合。

⑮ 剪掉直角的縫份。

⑯ 將止血鉗由返口穿入，夾住袋底些許表布，將身體袋身翻到正面。

⑰ 手部表布的縫份往中心點內摺。（手部尺寸：1.5 X 5cm）

蠟繩

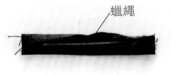

⑱ 將4cm蠟繩（細）放進手部表布當中。

19 手部表布對摺以藏針縫縫合。　　**20** 利用鑷子輔助，將手夾入身體袋身。　　**21** 手與身體以藏針縫縫合。

  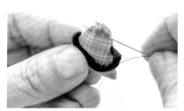

22 身體另外一端作法同步驟 20、21。　　**23** 由身體返口塞入棉花。　　**24** 身體返口處以平針縫縫合。

25 身體與前片頭部以直針（對針）縫縫合。　　**26** 頭部後片再與前片身體、前片頭部縫合。　　**27** 在後片頭部縫上別針。

P.10

料理廚娃 L 形包

材料

主色布	10×14cm
配色布	適量
貼布片	適量
胚布	25×30cm
裡布	21×26cm
鋪棉	23×28cm
側身襠布	9×14cm
布襯（厚）	7×8cm
包邊	3.5×60 cm
裝飾釦	1 個
拉鍊 25cm	1 條

繡線：深咖啡色、淺咖啡色
壓克力顏料：黑色、白色

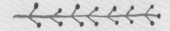

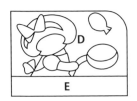

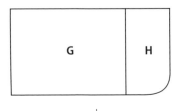

❶ 進行貼布縫。在D表布依序以藏針縫完成貼布縫圖案。
❷ 接合布片。
① A+B+C。
② D+E。
③ G+H
  →①+②+F+③

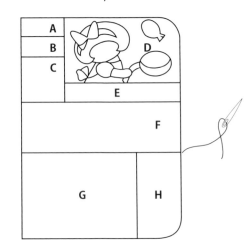

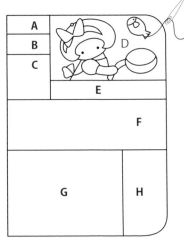

❸ 在貼布縫圖案畫上眼睛、腮紅。

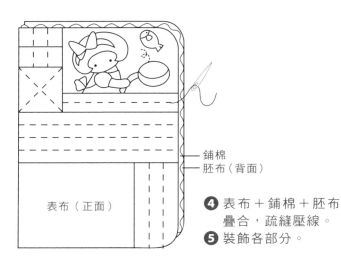

鋪棉
胚布（背面）

表布（正面）

4 表布＋鋪棉＋胚布
疊合，疏縫壓線。
5 裝飾各部分。

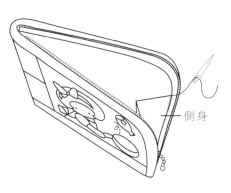

側身

10 前、後袋身與側身縫合。側身沿拉
鍊的縫份0.3cm處以直針縫縫合。

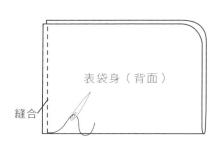

表袋身（背面）

縫合

6 對摺袋身成前、
後2片，縫合。

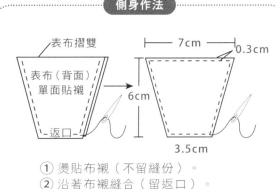

側身作法

表布摺雙
表布（背面）
單面貼襯
返口

7cm
0.3cm
6cm
3.5cm

① 燙貼布襯（不留縫份）。
② 沿著布襯縫合（留返口）。
③ 由返口翻至正面，再縫合返口處。
④ 距邊0.3cm處進行壓線。

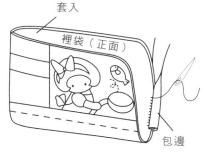

套入
裡袋（正面）
包邊

7 將表袋身翻至正面，
與裡袋背面相對套合，
包邊條車縫一圈。
8 以藏針縫進行包邊。

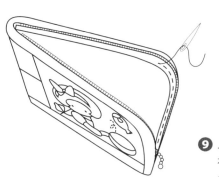

9 以半回針縫縫合拉鍊。
裡袋作法、尺寸同步驟⑥，
僅不作貼布縫與拼接。

11 完成。

chapter.3
廚娃小教室

P.12

午茶廚娃化妝包

材料

A＋C 主色布 ·········· 22×28cm
B 布片 ················· 14×22cm
貼布片 ················· 適量
胚布 ··················· 26×38cm
裡布 ··················· 22×34cm
鋪棉 ··················· 24×36cm
袋身厚布襯 ············ 21×33cm
側身襯布片 ·········· 9×14cm×2 片
側身厚布襯 ·········· 7×8cm×2 片
包邊條 ················· 3.5×100cm
裝飾釦 ················· 5 個
拉鍊 35cm ············ 1 條
繡線：黑色、紅色、綠色、黃色
　　　咖啡色
壓克力顏料：黑色、紅色、白色

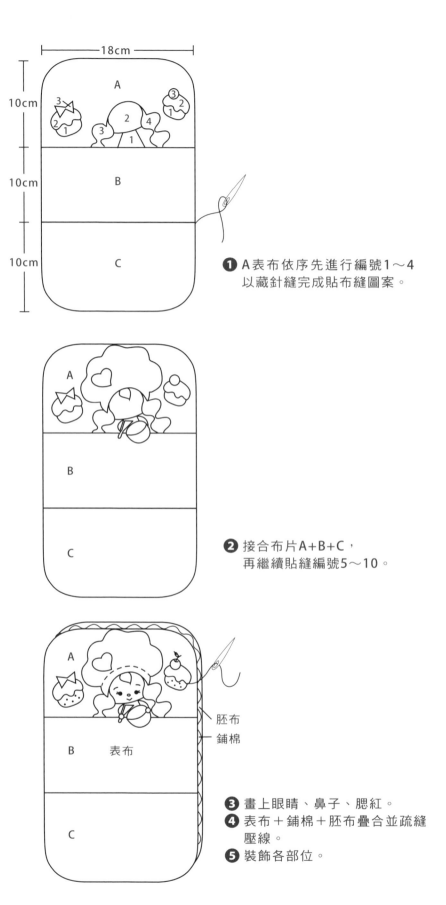

❶ A表布依序先進行編號1～4
　以藏針縫完成貼布縫圖案。

❷ 接合布片A＋B＋C，
　再繼續貼縫編號5～10。

❸ 畫上眼睛、鼻子、腮紅。
❹ 表布＋鋪棉＋胚布疊合並疏縫
　壓線。
❺ 裝飾各部位。

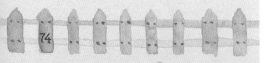

包邊

表袋（正面）

側身

❻ 將貼上布襯的裡布，與袋身背面相對重疊疏縫固定，包邊一圈（布襯不加縫份）。

❿ 側身沿著拉鍊0.3cm的縫份處，以直針縫縫合。

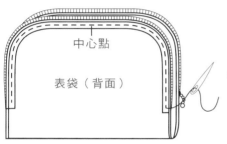

中心點

表袋（背面）

❼ 縫上拉鍊。將拉鍊對準袋身的中心點，多作幾處記號，以利縫合。

❿

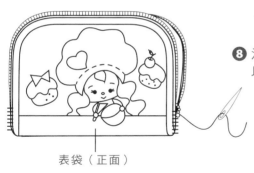

表袋（正面）

❽ 沒有縫合拉鍊處，以直針縫合。

⓫ 完成。

5cm

❾ 縫合表袋（背面）的三角底。

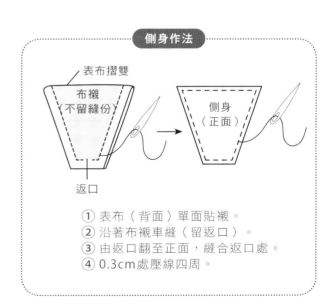

側身作法

表布摺雙

布襯（不留縫份）

側身（正面）

返口

① 表布（背面）單面貼襯。
② 沿著布襯車縫（留返口）。
③ 由返口翻至正面，縫合返口處。
④ 0.3cm處壓線四周。

75

P.14

魔鏡廚娃
圓形飾品包

材料

主色布	14×28 cm
貼布片	適量
胚布	18×32 cm
裡布	28×34 cm
鋪棉	16×30 cm
羊毛布	6×12 cm
布襯（厚）	9×13 cm
塑膠片（薄）	6×18 cm
蕾絲（寬）	5cm
蕾絲（細）	13cm
釦子	4 個
S 水兵帶	44cm
拉鍊 35cm	1 條

繡線：黑色、膚色、白色、咖啡色
壓克力顏料：黑色、紅色、白色

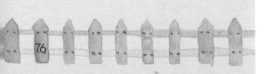

❶ 製作前片。
① 表布依序以藏針縫完成貼布縫圖案。
② 畫上眼睛、鼻子、腮紅。
③ 繡上手、裝飾粉盒。

鋪棉
胚布

④ 表布＋鋪棉＋胚布疊合後，
　 疏縫壓線。
⑤ 娃娃脖子處繡上結粒繡。

結粒繡

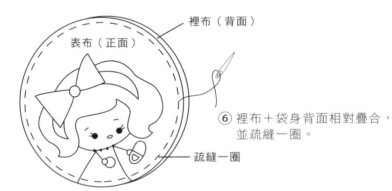

裡布（背面）

表布（正面）

⑥ 裡布＋袋身背面相對疊合，
　 並疏縫一圈。

疏縫一圈

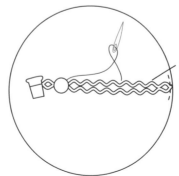

S水兵帶對摺（20cm）
縫上裝飾釦，再依所需位置縫上釦子。

⑦ 以平針縫固定S水兵帶。

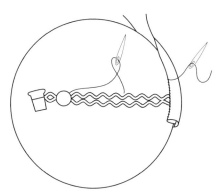

⑧ 以包邊條車縫一圈再
藏針縫進行包邊。

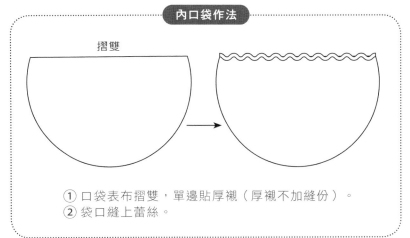

摺雙

① 口袋表布摺雙,單邊貼厚襯(厚襯不加縫份)。
② 袋口縫上蕾絲。

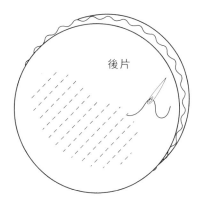

後片

❷ 製作後片。
① 表布+鋪棉+胚布疊合後
　疏縫壓線。

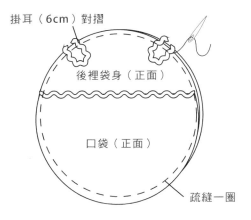

掛耳(6cm)對摺

後裡袋身(正面)

口袋(正面)

疏縫一圈

③ 固定口袋、掛耳,疏縫一圈。

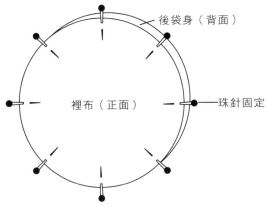

後袋身(背面)

裡布(正面)

珠針固定

② 裡布+後袋身背面相對疊合,
　以珠針稍作固定。

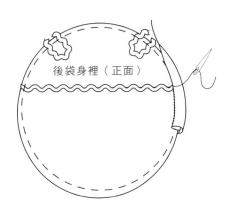

後袋身裡(正面)

④ 包邊條車縫一圈再以
　藏針縫包邊一圈。

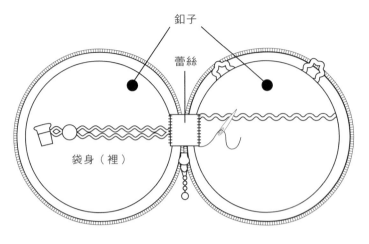

釦子

蕾絲

袋身（裡）

❸ 拉鍊縫合。
① 前、後袋身縫上拉鍊。
② 沒有縫合到拉鍊之處，以直針縫縫合。
③ 以蕾絲遮住拉鍊，前、後尾端的縫份。
④ 袋身（裡）依所需位置縫上釦子。

鏡片處作法

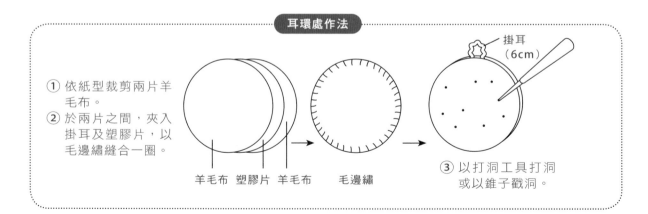

表布（背面）

塑膠片

縮縫

鏡子

前片（正面）

掛耳（6cm）

前片（正面）

直針縫

① 前、後片表布依紙型裁剪。
② 前、後片表布各自放入圓形塑膠片縮縫。

③ 將鏡子縫合在前片。

④ 將掛耳（6cm）對摺，縫合固定於前片的背面。
⑤ 前片、後片疊合後以直針縫縫合。

耳環處作法

① 依紙型裁剪兩片羊毛布。
② 於兩片之間，夾入掛耳及塑膠片，以毛邊繡縫合一圈。

羊毛布　塑膠片　羊毛布

毛邊繡

掛耳（6cm）

③ 以打洞工具打洞或以錐子戳洞。

chapter.3
廚娃小教室

P.18

採花廚娃側背包

材料

主色布	約半尺
B 表布	9×28cm
口袋表布	16×29cm
側身表布	10×49cm
胚布	約1尺
裡布	約1尺
鋪棉	約1尺
袋身包邊條	3.5×85cm×2 條
側身包邊條	3.5×5cm×2 條
口袋包邊條	3.5×28cm
背帶	1 組
拉鍊 30cm	1 條

繡線：黑色、白色、綠色、黃色、
深咖啡色

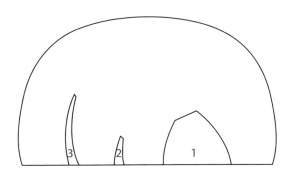

❶ 製作前片。

① A表布依序先以藏針縫貼縫1至3，
貼布縫順序請參考紙型。

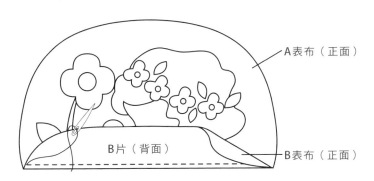

② A表布與B表布接合之後，
再以藏針縫貼縫其他編號的部分。

③ 表布＋鋪棉＋胚布疊合後，疏縫壓線。
④ 裝飾各部位。

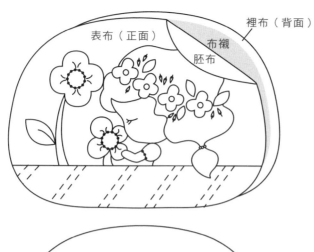

裡布（背面）

表布（正面）

布襯

胚布

⑤ 將貼上布襯的裡布與袋身
　 背面相對重疊，疏縫固
　 定。（布襯不留縫份）

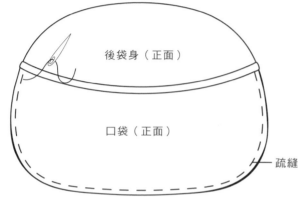

後袋身（正面）

口袋（正面）

疏縫

❷ 製作後片。
① 作法與前片作法❶的③、⑤步驟相同，
　 但不須作貼布縫。
② 袋身與口袋疊合，疏縫固定。

口袋作法

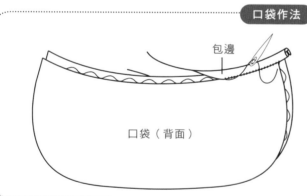

包邊

口袋（背面）

① 表布＋鋪棉＋裡布疊合後，疏縫壓線。
② 袋口車縫包邊條以藏針縫包邊完成。

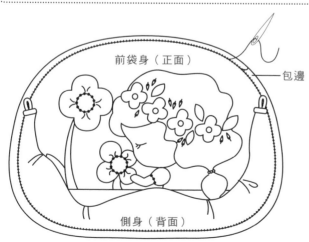

前袋身（正面）

包邊

側身（背面）

❸ 袋身與側身縫合。
① 前片袋身與側身正面相對，依
　 紙型標示位置，疏縫固定。
② 以藏針縫包邊一圈。
③ 後片袋身與側身縫合，後片作
　 與❸同步驟①～②。

側身作法

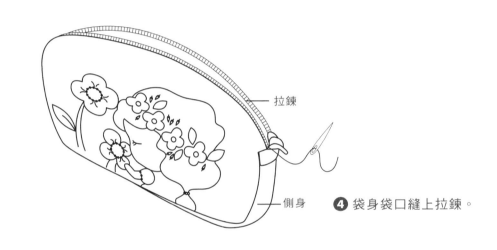

側身（背面）

側身（正面）

掛耳

包邊

① 表布＋鋪棉＋裡布疊合，疏縫壓線。
② 側身兩端固定掛耳後，進行包邊。
　★掛耳作法可參考 **P.70** 步驟 ⑰～⑲ ★
　★掛耳尺寸：表布裁切 **1.5×7cm**，
　　蠟繩（細）**7cm** ★

拉鍊

側身

❹ 袋身袋口縫上拉鍊。

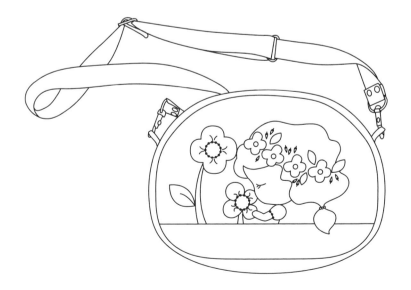

❺ 加上喜好的背帶即完成。

廚娃小教室

P.16

愛作夢廚娃
一字口金

材料

主色布⋯⋯⋯⋯⋯19×30cm
貼布片⋯⋯⋯⋯⋯適量
側身襯布⋯⋯⋯⋯16×24cm
胚布⋯⋯⋯⋯⋯⋯23×34 cm
裡布⋯⋯⋯⋯⋯⋯19×30 cm
鋪棉⋯⋯⋯⋯⋯⋯21×32 cm
布襯（厚）⋯⋯⋯11×14 cm
裝飾釦⋯⋯⋯⋯⋯7 個
一字口金⋯⋯⋯⋯9.5cm×1 組
繡線：黑色、膚色、粉紅色、綠色、
　　　暗紅色、深咖啡色
壓克力顏料：黑色、紅色、白色

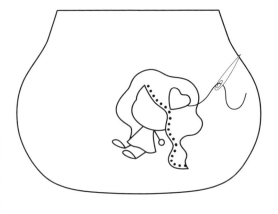

❶ 製作前片。

① 依序以藏針縫完成貼布縫
圖案，詳細貼布縫順序請
參考紙型附錄。

② 畫上眼睛、鼻子、腮紅。

胚布
鋪棉
表布

③ 表布＋鋪棉＋胚布疊合後
疏縫壓線。

④ 以繡線裝飾各部位，縫上
裝飾釦。

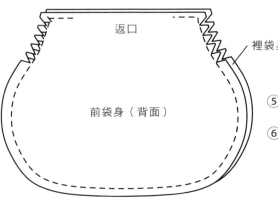

返口
裡袋身（正面）
前袋身（背面）

⑤ 前片袋身＋裡布正面相對
疊合後車縫，留返口。

⑥ 凹陷處剪牙口，鋪棉縫份
剪掉，由返口翻至正面，
返口處以藏針縫縫合。

❷ 製作後片。作法與前片**❶**步驟③至⑥相同。
❸ 前袋身與後袋身背面相對，以直針縫縫合。

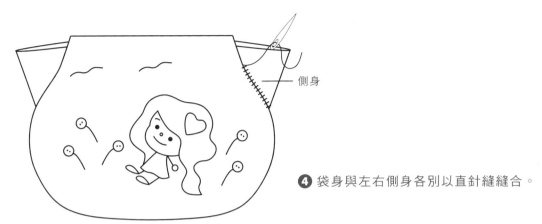

側身

❹ 袋身與左右側身各別以直針縫縫合。

側身作法

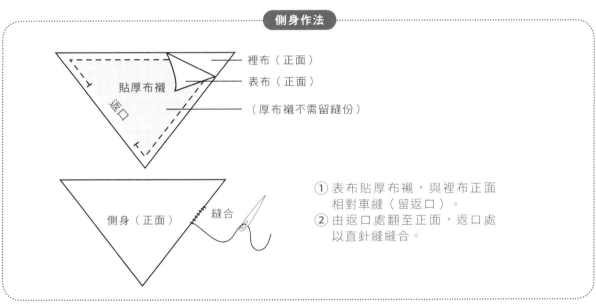

裡布（正面）

表布（正面）

（厚布襯不需留縫份）

貼厚布襯

返口

側身（正面）　縫合

① 表布貼厚布襯，與裡布正面相對車縫（留返口）。
② 由返口處翻至正面，返口處以直針縫縫合。

中心點

❺ 縫上口金即完成。

★廚娃小叮嚀★
將袋身中心點對準口金中心點，中心點以疏縫線暫時固定，由口金的第2個孔出，第1個孔入，以回針縫的方式，點狀縫合即可。

P.22

畫家廚娃筆袋

材料

主色布 ──────── 13×30 cm
配色布 ──────── 適量
貼布片 ──────── 適量
側身襠布 ────── 16×24 cm
胚布 ─────────── 30×30 cm
裡布 ─────────── 30×30 cm
鋪棉 ─────────── 30×30 cm
布襯（厚）────── 11×14 cm
裝飾釦 ───────── 2 個
一字口金 9.5cm ── 1 組
繡線：黑色、膚色、土黃色、黃色、
　　　粉紅色、暗紅色、深咖啡色
壓克力顏料：白色、黑色、紅色

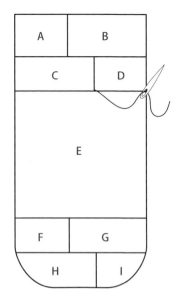

❶ 製作前片：接合布片。
① A+B
② C+D
③ F+G
④ H+I
　→①+②+E
　→③+④+E

❹ 表布＋鋪棉＋胚布疊
　合後疏縫壓線。
❺ 裝飾各部位。

❷ 在 E 片依序進行藏針縫
　完成貼布縫圖案。
❸ 畫上眼睛、鼻子、腮
　紅，繡上眉毛。

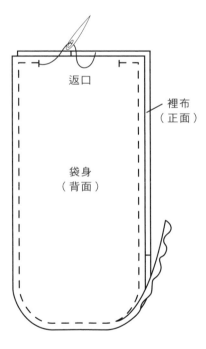

❻ 袋身＋裡布正面相對疊
　合後車縫（留返口），
　剪掉鋪棉縫份。
❼ 由返口翻至正面，並縫
　合返口。

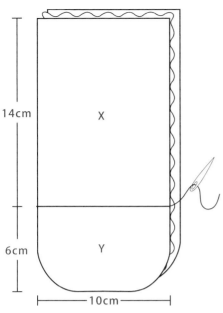

14cm

X

6cm

Y

10cm

8 製作後片。
① 接合布片x+y。
② 表布＋鋪棉＋胚布疊合後疏縫壓線。
③ 同前片作法**1**步驟④至⑦。

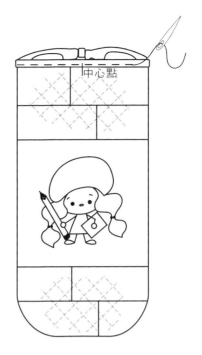

中心點

10 縫上口金即完成。

★廚娃小叮嚀★

將袋身中心點對準口金中心點，中心點以疏縫線暫時固定，由口金的第2個孔出，第1個孔入，以回針縫的方式進行點狀縫合即可。

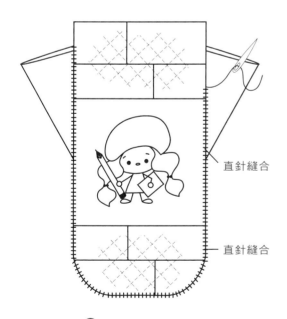

直針縫合

直針縫合

9 組合。
① 前、後袋身依位置與側身以直針縫縫合。
② 縫合前、後片袋身。

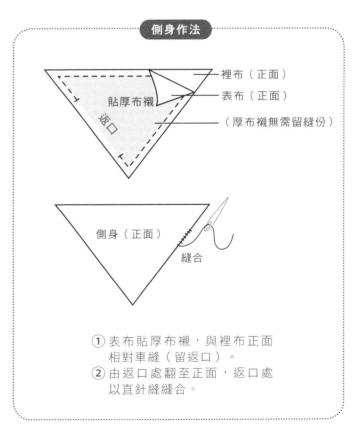

側身作法

裡布（正面）

貼厚布襯

返口

表布（正面）

（厚布襯無需留縫份）

側身（正面）

縫合

① 表布貼厚布襯，與裡布正面相對車縫（留返口）。
② 由返口處翻至正面，返口處以直針縫縫合。

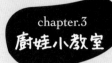

P.24

魔法廚娃小物包

材料

主色布（B）＋後片── 17×20cm
配色布──────────── 適量
貼布片──────────── 適量
胚布 ──────────── 21×40 cm
裡布 ──────────── 17×36 cm
鋪棉 ──────────── 19×38 cm
掛耳布片 ──────── 6×8 cm
掛耳厚襯 ──────── 2×5 cm
包邊條 ──────── 3.5×60cm×2 條
D 形環 ──────────── 1 個
拉鍊 17.5cm
繡線：黑色、紅色、暗紅色、藍色
壓克力顏料：黑色、紅色、白色

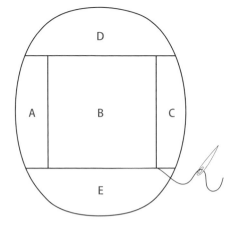

❶ 製作前片。
① 接合表布前片A＋B＋C
　部分，再各別接合D
　與E以完成前片。

② B表布以藏針縫完成
　貼布縫圖案。
③ 畫上眼睛、腮紅，裝
　飾各部位。

④ 表布＋鋪棉＋胚布疊合，
　疏縫壓線。

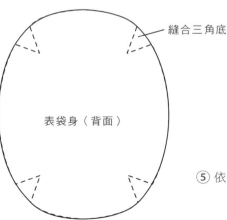

縫合三角底

表袋身（背面）

⑤ 依圖示位置縫合三角底。

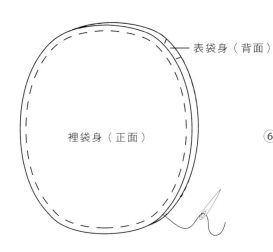

⑥ 將裡布重疊在袋身（背面），疏縫一圈。

表袋身（背面）

裡袋身（正面）

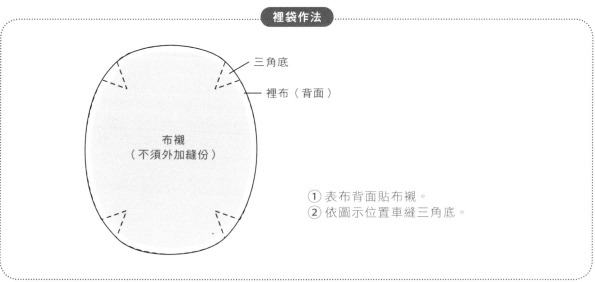

裡袋作法

三角底

裡布（背面）

布襯
（不須外加縫份）

① 表布背面貼布襯。
② 依圖示位置車縫三角底。

袋身（正面）

包邊

⑦ 包邊車縫一圈再以藏針縫
　 包邊一圈。

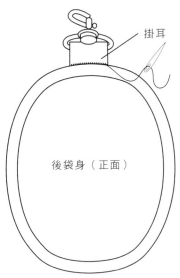

掛耳

後袋身（正面）

❷ 製作後片。
① 後片作法與前片作法❶步驟⑤至⑦相同。
② 找出後片袋身中心點，以直針縫縫合掛耳。
　（掛耳的縫份再以拉鍊的縫份遮住）

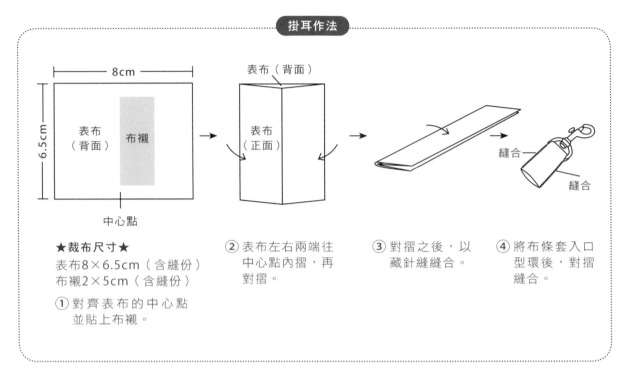

掛耳作法

8cm

6.5cm

表布
（背面）

布襯

中心點

表布（背面）

表布
（正面）

縫合

縫合

★裁布尺寸★
表布8×6.5cm（含縫份）
布襯2×5cm（含縫份）

① 對齊表布的中心點
並貼上布襯。

② 表布左右兩端往
中心點內摺，再
對摺。

③ 對摺之後，以
藏針縫縫合。

④ 將布條套入口
型環後，對摺
縫合。

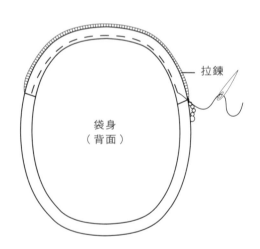

拉鍊

袋身
（背面）

縫合

袋身（正面）

❸ 縫合拉鍊。以17.5cm
的拉鍊，與前、後片
袋身縫合。

❹ 拉鍊縫合完成後，翻
至正面，將前、後片
袋身以直針縫縫合即
完成。

P.30

蘋果廚娃針線包

材料

主色布	12×14cm
配色布	適量
貼布片	適量
胚布	24×26 cm
裡布	半尺
鋪棉	22×24 cm
布襯（厚）	16×17 cm
葉子布片	9×14 cm×2 片
葉子鋪棉	9×14 cm
拉鍊 15cm	2 條
裝飾釦	1 個
大釦子	1 個
小磁釦	2 個
蕾絲 18cm	2 條
蠟繩	26cm

繡線：黑色、膚色、紅色、綠色、
　　　深咖啡色、黃色
壓克力顏料：黑色、紅色、白色

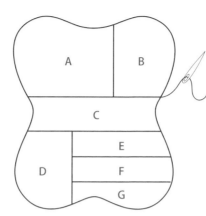

❶ 接合布片。
① A＋B。
② E＋F＋G→＋D
　→①＋C＋②。

❷ A表布依序進行藏針縫，完成圖案。

❸ 依說明裝飾A布片貼縫的部位。

　眼睛：黑色壓克力顏料（以鐵筆沾壓克
　　　　力顏料點上，黑色顏料乾了，再
　　　　點上白色顏色）。

　鼻子：淡紅色壓克力顏料。

　手部：取3股咖啡色繡線進行回針縫。

　嘴巴：淺紅色繡線（本頁作法以回針縫
　　　　製作，其它作品是以扇貝針繡
　　　　法，繡法請參考P.63步驟9）。

　足部：取3股繡線，視作品顏色而定。

　手掌：3股膚色繡線。（緞面繡）

　頸部裝飾：2股白色繡線進行結粒繡。

　眉毛：1股黑色繡線進行回針縫。

　鞋子繡法（手掌繡法相同）：（緞面繡）
　因為圖案小，從足部的中心開始刺繡，
　再往左右兩旁，才比較不會變形。

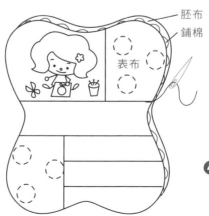

胚布
鋪棉
表布

❹ 表布＋鋪棉＋胚布
　疊合後疏縫壓線。

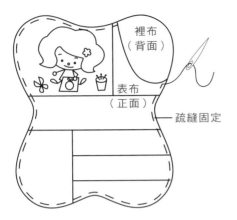

疏縫固定

5 袋身壓線完成之後，與裡布疊合並疏縫一圈。

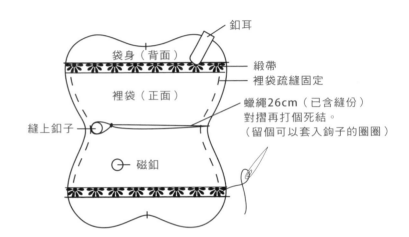

釦耳

袋身（背面）

緞帶

裡袋疏縫固定

裡袋（正面）

蠟繩26cm（已含縫份）
對摺再打個死結。
（留個可以套入鉤子的圈圈）

縫上釦子

磁釦

6 裡袋依位置疏縫固定於袋身背面。

7 固定釦耳、蠟繩，縫上釦子及磁釦。

★磁釦可依個人喜好及需求縫上，
添加針插小物增強袋物的功能性。

釦耳作法

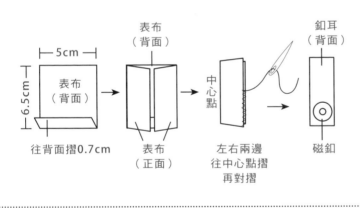

表布（背面）

5cm

6.5cm

表布（背面）

往背面摺0.7cm

表布（正面）

中心點

左右兩邊
往中心點摺
再對摺

釦耳（背面）

磁釦

① 裁切5×6.5cm的布片。下方往
背面摺入0.7cm。

② 左右兩邊往中心點摺入再對摺。

③ 以藏針縫縫合對摺的布條。

④ 在釦耳背面縫上磁釦。

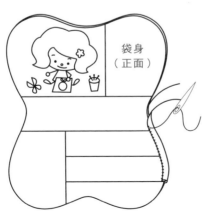

袋身（正面）

8 包邊條車縫一圈再以藏針縫包邊一圈。

裡布
（正面）

表布
（背面）

車縫

返口

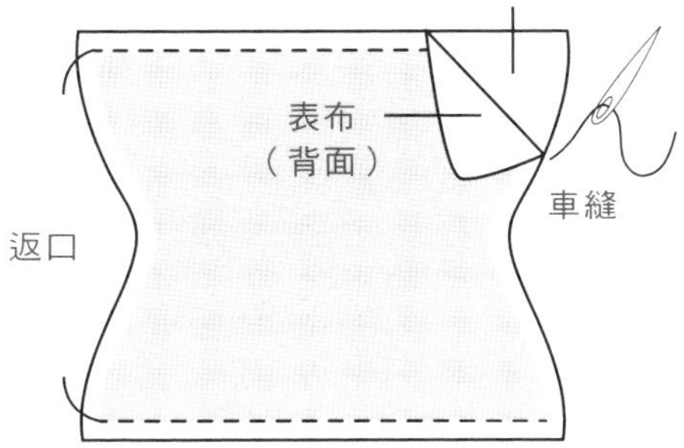

① 表布貼上布襯，並與裡布
　正面相對，車縫。

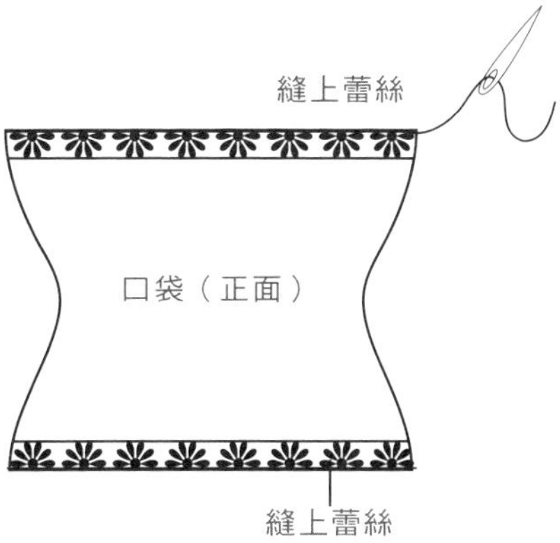

縫上蕾絲

口袋（正面）

縫上蕾絲

② 由返口翻至正面，再以熨斗整燙。
③ 縫上蕾絲。

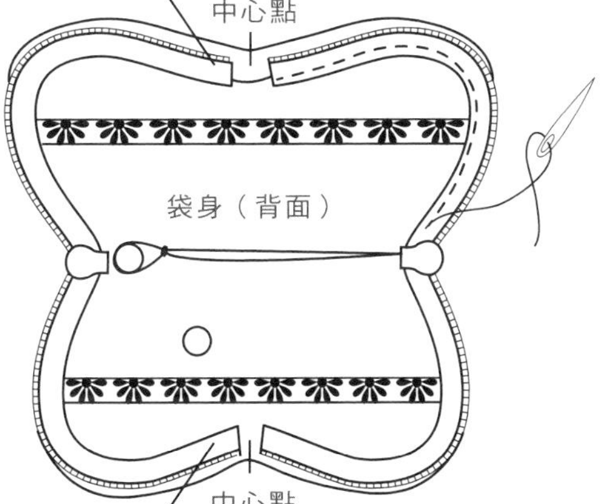

距離袋身中心點0.7cm縫上拉鍊。

中心點

袋身（背面）

中心點

距離袋身中心點0.7cm縫上拉鍊。

❾ 縫上拉鍊。

❿ 前、後袋身各固定
　一片葉子即完成。

表布（背面）　裡布（正面）

返口

鋪棉

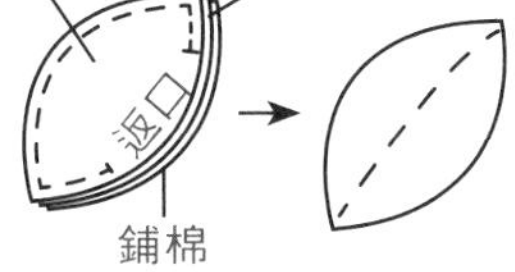

① 表布＋裡布＋鋪棉疊合後車縫（留返口）。
② 剪掉鋪棉縫份，再由返口翻至正面，返口處
　以藏針縫縫合。
③ 中心點以2股繡線壓線。

P.26

晴天廚娃
單提把包

材料

A 表布 ·············· 17×17cm
B 表布 ·············· 28×48 cm
貼布片 ·············· 適量
胚布 ·············· 32×52 cm
裡布 ·············· 28×48 cm
鋪棉 ·············· 30×50 cm
布襯 ·············· 26×44 cm
織帶 ·············· 3×26 cm
包邊條 ·············· 3.5×26 cm×2 條
壓釦 ·············· 1 組
裝飾釦 ·············· 1 個
繡線：黑色、膚色、深咖啡色、橘黃色
　　　水藍色、深藍色、綠色
壓克力顏料：黑色、紅色、白色

❶ 製作前片。
① A表布依序以藏針縫
　完成貼布縫圖案。
② 畫上眼睛、腮紅，縫
　上眉毛。

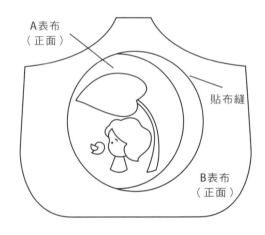

A表布
（正面）

貼布縫

B表布
（正面）

③ B表布以挖空的
　方式，貼布縫於
　A表布上。

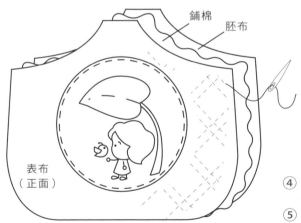

鋪棉
胚布

表布
（正面）

④ 表布＋鋪棉＋胚布疊
　合後疏縫壓線。
⑤ 裝飾各部位。

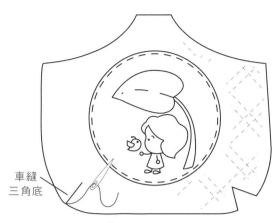

車縫
三角底

⑥ 袋身車縫三角底。

裡袋作法

★尺寸與表袋相同★
① 前、後片各自貼布襯（布襯不加縫份）。
② 前、後片各自車縫三角底。
③ 前片＋後片正面相對疊合後車縫（留返口）。

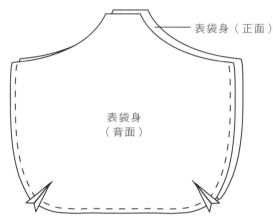

表袋身（正面）

表袋身
（背面）

❷ 製作後片。
　後片請參考前片作法❶步驟④、⑥。
❸ 接合袋身。
① 前片＋後片正面相對疊合後縫合袋身兩側。

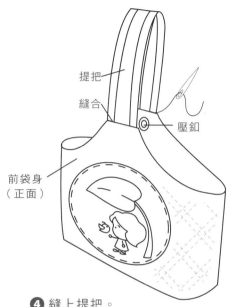

提把

縫合

壓釦

前袋身
（正面）

❹ 縫上提把。
① 接合提把位置之處的袋口，將0.7cm縫份
　往內摺，再將提把夾入，以直針縫縫合。
② 固定前片提把後，再縫合後片提把。
③ 在裡袋袋口中心點位置縫上壓釦。

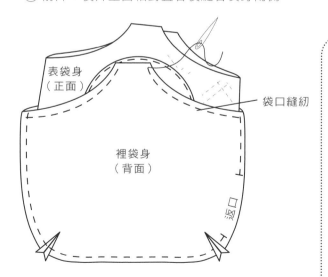

表袋身
（正面）

袋口縫紉

裡袋身
（背面）

返口

② 表袋翻至正面，套入裡袋中，縫紉袋口處。
③ 由裡袋的返口，將表袋翻至正面，裡袋返口
　處以藏針縫縫合。

提把作法

★提把尺寸★
織帶1條（3×26cm）
包邊2片（3×26cm）（含縫份）

① 取織帶1條。
② 使用包邊條將上下兩端織帶
　包邊完成。

chapter.3

廚娃小教室

P.28

氣球廚娃提袋

材料

主色布 ···················· 40×70cm
胚布 ······················ 44×70 cm
裡布 ······················ 40×66 cm
鋪棉 ······················ 42×68 cm
袋身厚布襯 ············· 39×65 cm
袋身口布 ··············· 7×80 cm
側身表布 ··············· 14×101 cm
側身胚布 ··············· 18×105 cm
側身裡布 ··············· 14×101 cm
側身厚布襯 ············· 12×99 cm
口袋主色布 ············· 7×17 cm×2 片
貼布片 ···················· 適量
裡布 ······················ 21×21 cm×2 片
鋪棉 ······················ 19×19 cm×2 片
包邊條 ···················· 3.5×65 cm×2 條
包釦（2.1cm）········· 8 個
裝飾釦 ···················· 5 個
皮革提把 ················ 1 組
皮釦 ······················ 1 組
繡線：黑色、膚色、咖啡色、藍色
　　　紫色、白色、紅色、粉紅色
壓克力顏料：黑色、紅色、白色

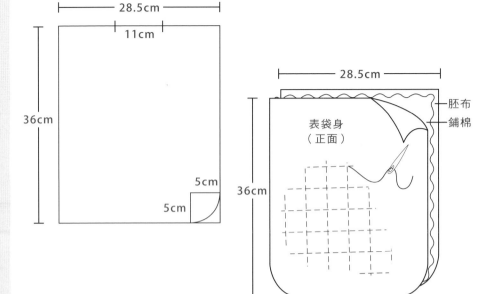

★尺寸示意圖★

28.5cm

11cm

36cm

5cm

5cm

28.5cm

胚布
鋪棉

表袋身
（正面）

36cm

❶ 前、後片各自表布＋鋪棉＋
胚布疊合後疏縫壓線。

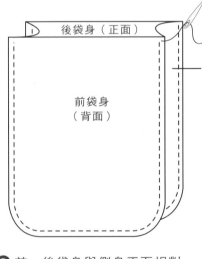

後袋身（正面）

側身
（背面）

前袋身
（背面）

❷ 前、後袋身與側身正面相對
疊合縫合。
★側身尺寸：**10cm×97cm** ★

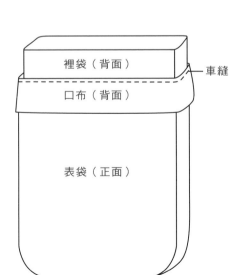

裡袋（背面）

車縫

口布（背面）

表袋（正面）

❸ 表袋翻至正面，套入裡
袋，再將口布（背面）置
於表袋的袋口車縫一圈。

口布作法

口布（背面）

① 裁剪布片78.5×5cm（已含縫份）
對摺車縫。

口袋作法

包邊

① 表布依序以藏針縫完成圖案。
② 畫上眼睛、鼻子裝飾各部位。
③ 表布＋鋪棉＋裡布疊合後疏縫壓線。
④ 包邊條車縫一圈以藏針縫包邊。

★前、後片口袋尺寸及作法都相同。★

裡袋作法

★尺寸與表袋相同★
前、後片各自貼布襯（布襯不外加縫份）
作法同步驟 ❷ 。

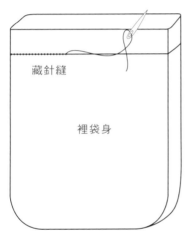

藏針縫

裡袋身

❹ 將口布往裡袋摺，再
以藏針縫縫合一圈。

包釦

❺ 前、後袋身縫上口袋，以2.1cm
包釦固定於口袋的四個角。
★包釦作法參考 P.69 步驟 ⑥ 至 ⑧ ★

中心點
5.5 cm 5.5 cm

❻ 縫上提把之後，在袋身
中心點再縫上皮釦。

P.32

跳跳廚娃側背包

材料

主色布	28×48cm
貼布片	適量
口袋表布	17×27 cm
側身表布＋掛耳表布	12×55 cm
胚布	1尺
裡布	1尺
鋪棉	1尺
袋身包邊條	3.5×84×2 條
口袋包邊條＋側身包邊條	3.5×37 cm
包釦（2.1cm）	5 個
裝飾釦	6 個
蕾絲（遮掩掛耳縫份）	5cm×2 條
蠟繩（細）	9cm×2 條
背帶	1 組
拉鍊 25cm	1 條
繡線：黑色、紅色、深咖啡色 淺咖啡色、黃色、綠色、白色	
壓克力顏料：黑色、紅色、白色	

❶ 製作前片。
① 表布依序以藏針縫 完成貼布圖案。
② 畫上眼睛、鼻子、 腮紅。

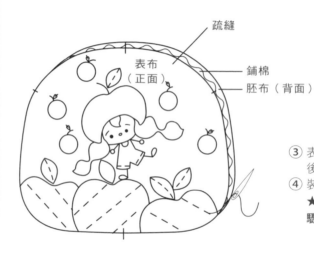

疏縫

表布 （正面）

鋪棉

胚布（背面）

③ 表布＋鋪棉＋胚布疊合 後疏縫壓線。
④ 裝飾各個部位。
　★蘋果作法參考 P.69 步 驟⑥至⑧★

表袋身（正面）

已加襯的裡布（背面）

疏縫

⑤ 將貼上布襯的裡布與 袋身背面相對疊合並 疏縫固定（布襯不留 縫份）。

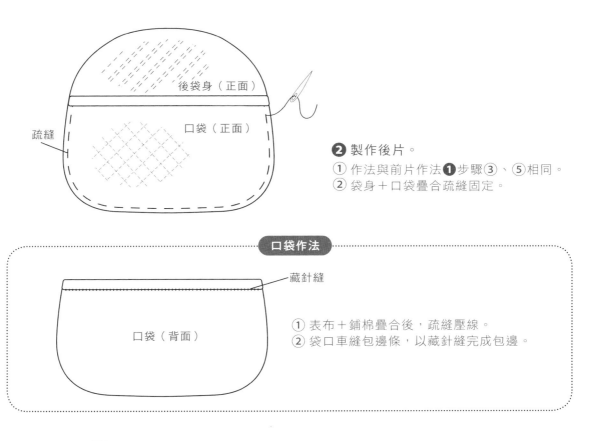

後袋身（正面）

口袋（正面）

疏縫

❷ 製作後片。
① 作法與前片作法❶步驟③、⑤相同。
② 袋身＋口袋疊合疏縫固定。

口袋作法

藏針縫

口袋（背面）

① 表布＋鋪棉疊合後，疏縫壓線。
② 袋口車縫包邊條，以藏針縫完成包邊。

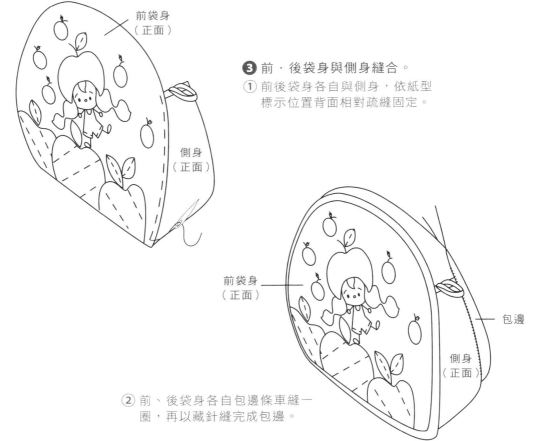

前袋身
（正面）

側身
（正面）

❸ 前・後袋身與側身縫合。
① 前後袋身各自與側身，依紙型
標示位置背面相對疏縫固定。

前袋身
（正面）

包邊

側身
（正面）

② 前、後袋身各自包邊條車縫一
圈，再以藏針縫完成包邊。

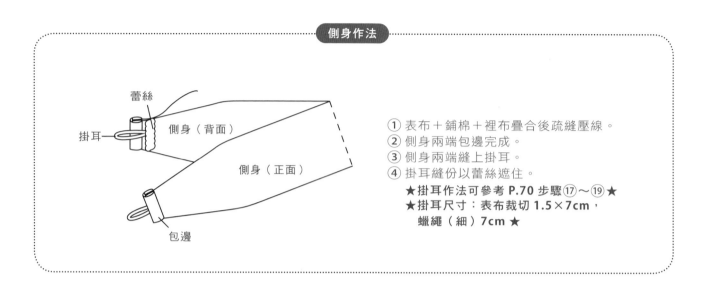

側身作法

蕾絲

掛耳

側身（背面）

側身（正面）

包邊

① 表布＋鋪棉＋裡布疊合後疏縫壓線。
② 側身兩端包邊完成。
③ 側身兩端縫上掛耳。
④ 掛耳縫份以蕾絲遮住。
★掛耳作法可參考 P.70 步驟 ⑰～⑲ ★
★掛耳尺寸：表布裁切 1.5×7cm，
　蠟繩（細）7cm ★

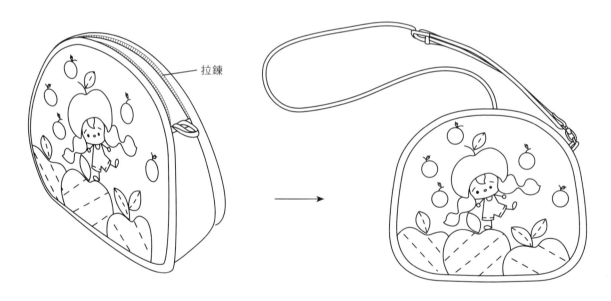

拉鍊

❹ 袋身袋口縫上拉鍊即完成。

P.40

長髮廚娃室內鞋

材料

主色布（B）⋯⋯⋯⋯ 25×38cm
配色布（A）⋯⋯⋯⋯ 18×25 cm
貼布片 ⋯⋯⋯⋯⋯⋯ 適量
裡布 ⋯⋯⋯⋯⋯⋯⋯ 27×46 cm
胚布 ⋯⋯⋯⋯⋯⋯⋯ 29×48 cm
包邊條 ⋯⋯⋯⋯⋯⋯ 3.5×52 cm×2 條
裝飾釦 ⋯⋯⋯⋯⋯⋯ 4 顆
皮製鞋底 M 號 ⋯⋯ 1 雙
繡線：深咖啡色、綠色、白色
壓克力顏料：黑色、白色

❶ B表布依序以藏針縫
完成貼布縫圖案。

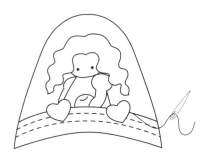

❷ B表布與A表布縫合之
後，再以藏針縫完成
愛心圖案。
❸ 畫上眼睛。

表布
（正面）
鋪棉
胚布

❹ 表布＋鋪棉＋胚布疊合後
疏縫壓線，裝飾各部位。

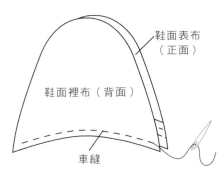

鞋面表布
（正面）

鞋面裡布（背面）

車縫

❺ 鞋面表布與裡布正面
相對疊合後車縫。

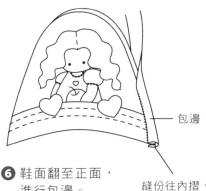

包邊

❻ 鞋面翻至正面，
進行包邊。

縫份往內摺，
以藏針縫縫合。

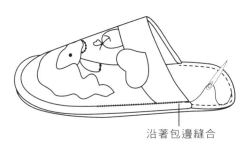

沿著包邊縫合

❼ 鞋面與鞋底對準中心點，沿
著包邊，以回針點狀縫合。
另一腳以相同作法完成。

P.34

果子廚娃提袋

材料

主色布	30×57cm
貼布片	適量
胚布	34×72cm
裡布	30×66cm
鋪棉	32×70cm
布襯（厚）	28×64cm
包邊條	3.5×57cm
裝飾釦	7個
黑色釦子（眼睛）	2個
包釦	2個
皮革提把	1組

繡線：黑色、深咖啡色、淺咖啡色
　　　土黃色、綠色、米白色、紅色
　　　粉紅色
壓克力顏料：黑色、紅色、白色

❶ 製作前片。
① 表布依序以藏針縫完
　成貼布縫圖案。

② 畫上長頸鹿的眼睛、腮
　紅，以及廚娃的鼻子、
　腮紅，繡上長頸鹿的睫
　毛、廚娃的眉毛。

鋪棉　胚布

表布
（正面）

③ 表布＋鋪棉＋胚布疊
　合後疏縫壓線。
④ 裝飾各部位。

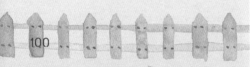

前袋身
（背面）

縫合

⑤ 縫合三角底。

❷ 製作後片。
　作法請參考前片❶步驟③・⑤。

後袋身（背面）

前袋身（正面）

表布
（正面）

❸ 組合。
① 前袋身＋後袋身正面相對疊合後車縫。
② 將袋身翻至正面，套入裡袋。

裡袋作法

★尺寸與表袋相同★
① 前、後片各自貼上布襯，車縫三角
　底（布襯不留縫份）。
② 前片＋後片正面相對疊合後車縫。

將提把縫在
中心點往左
右各5cm的
位置

中心點

包釦　　5cm ┤ 5cm　　包邊

③ 袋口以包邊條車縫一圈後，再以
　藏針縫縫包邊固定。

❹ 縫上提把即完成（可依個人喜好
　以包釦裝飾提把）。

P.36

長頸鹿與
廚娃提包

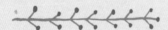

材料

A 表布＋C 表布 ······· 26×38cm
B 表布 ·················· 17×26cm
貼布片 ··················· 適量
側身表布 ·············· 20×24 cm
袋身胚布 ·············· 30×51 cm
袋身裡布 ·············· 26×47 cm
袋身鋪棉 ·············· 28×49 cm
側身裡布 ·············· 24×28 cm
側身鋪棉 ·············· 22×26 cm
袋身包邊條 ·········· 3.5×135 cm
側身包邊條 ·········· 3.5×14 cm
S 水兵帶 ··············· 135cm
包釦（3cm） ········· 2 個
包釦（2.1cm）········· 2 個
黑色釦子（眼睛）··· 2 個
裝飾釦 ··················· 6 個
皮革肩背帶 ············ 1 組
拉鍊 25cm ············· 1 條
繡線：黑色、深咖啡色、土黃色、綠色
壓克力顏料：黑色、紅色、白色

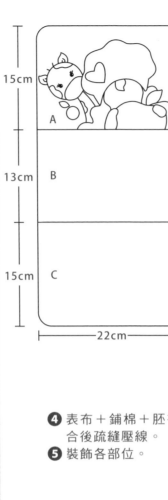

15cm

A

13cm

B

15cm

C

22cm

❶ A表布依序以藏針縫完成
貼布縫圖案。

❷ 接合布片A＋B＋C。

❸ 長頸鹿畫上眼睛、腮紅。

鋪棉　　胚布

表布

❹ 表布＋鋪棉＋胚布疊
合後疏縫壓線。

❺ 裝飾各部位。

裡布（背面）

表布（正面）

疏縫

❻ 將貼上布襯的裡布與袋
身背面相對疊合疏縫固
定（布襯不留縫份）。

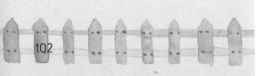

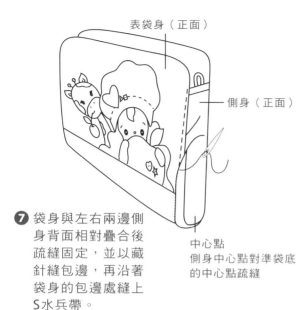

表袋身（正面）

側身（正面）

中心點
側身中心點對準袋底
的中心點疏縫

7 袋身與左右兩邊側身背面相對疊合後疏縫固定，並以藏針縫包邊，再沿著袋身的包邊處縫上S水兵帶。

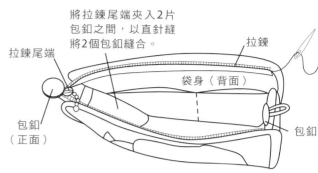

將拉鍊尾端夾入2片包釦之間，以直針縫將2個包釦縫合。

拉鍊尾端

拉鍊

袋身（背面）

包釦（正面）

包釦

8 在袋身袋口縫上拉鍊。
★包釦作法參考 P.69 步驟⑥至⑧★

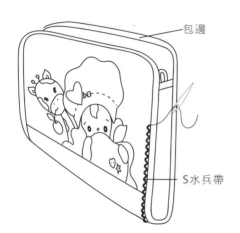

包邊

S水兵帶

完成圖。

側身作法

掛耳

① 表布＋鋪棉＋裡布，疊合後疏縫壓線。
② 以藏針縫進行包邊。
③ 加上掛耳。
④ 掛耳縫份以2.1cm包釦擋住。
　★掛耳作法可參考 P.70 步驟⑰～⑲★
　★掛耳尺寸：表布裁切 1.5×7cm，
　　蠟繩（細）7cm ★

P.42

田園廚娃時鐘

材料

A 表布 ⋯⋯⋯⋯⋯⋯ 31×31cm
B 表布 ⋯⋯⋯⋯⋯⋯ 17×17 cm
貼布片 ⋯⋯⋯⋯⋯⋯ 適量
數字布片 ⋯⋯⋯⋯⋯ 5×5 cm×8 片
裡布 ⋯⋯⋯⋯⋯⋯⋯ 31×31 cm
塑膠片（厚）⋯⋯⋯ 17×17 cm
裝飾釦 ⋯⋯⋯⋯⋯⋯ 7 個
包釦（1.8cm）⋯⋯ 8 個
繡框 8 吋 ⋯⋯⋯⋯⋯ 1 組
機芯 ⋯⋯⋯⋯⋯⋯⋯ 1 組
繡線：黑色、膚色、咖啡色、綠色
　　　黃色、紅色、橘色
壓克力顏料：黑色、紅色、白色

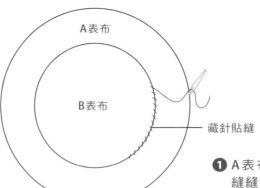

❶ A表布以挖空的方式以藏針縫縫在B表布上。

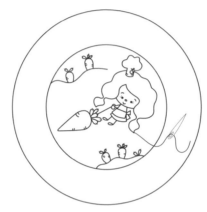

❷ B表布依序以藏針縫完成貼布縫圖案。
❸ 裝飾B表布各部位。

❹ A表布縫上數字（包釦）及胡蘿蔔造型釦。

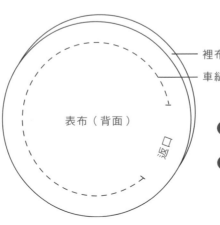

❺ 表布＋裡布正面相對疊合後車縫一圈（留返口）。
❻ 由返口翻至正面，返口處以藏針縫縫合。

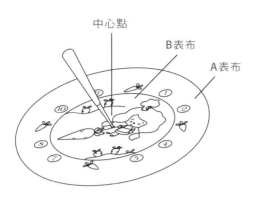

中心點
B表布
A表布

❼ 在表布的中心點以打洞工具敲出一個小洞。

★廚娃小叮嚀★
請勿與塑膠片一起打洞，塑膠片的洞口要符合機芯的尺寸，所以洞口要大，如果表布和塑膠片的洞口一樣大，表布就容易虛邊。

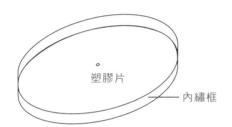

塑膠片
內繡框

❽ 將打好洞的塑膠片（厚）重疊在內繡框上面，塑膠片的尺寸以內繡框外圍為紙型。

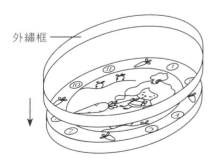

外繡框

❾ 將圖（正面）疊放在塑膠片上面，套進外繡框，將表布夾入內框與外框之間，使表布繃平，再將螺絲轉緊。

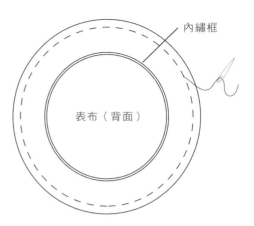

內繡框
表布（背面）

❿ 翻至背面縮縫一圈，再順著縫一圈拉緊後打結。

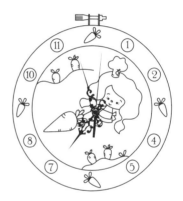

⓫ 在中心點打洞處裝上機芯即完成。

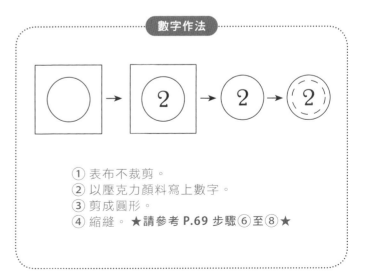

數字作法

2 → 2 → 2

① 表布不裁剪。
② 以壓克力顏料寫上數字。
③ 剪成圓形。
④ 縮縫。 **★請參考 P.69 步驟⑥至⑧★**

好朋友零錢包

材料（粘粘兔）
主色布＋耳朵布片·25×27cm
貼布·············適量
胚布·············17×28 cm
裡布·············13×22 cm
鋪棉·············15×26 cm
蝴蝶結布片·······19×42 cm
鋪棉（薄）·······14×21 cm
黑色釦子（眼睛）·2 顆
拉鍊 12.5cm········1 條
繡線：紅色、深咖啡色

材料（阿粘熊）
主色布＋耳朵布片·16×29 cm
貼布·············適量
胚布·············17×30 cm
裡布·············13×24 cm
鋪棉·············15×28 cm
蝴蝶結布片·······19×42 cm
鋪棉（薄）·······7×15 cm
黑色釦子（眼睛）·2 顆
拉鍊 12.5cm········1 條
繡線：紅色、咖啡色

材料（廚娃）
膚色布片（前片）······11×13 cm
咖啡色布片（後片）····11×13 cm
胚布·············17×28 cm
裡布·············13×22 cm
鋪棉·············15×26 cm
蝴蝶結布片·······19×42 cm
鋪棉（薄）·······7×15 cm
頭髮·············適量
黑色釦子（眼睛）·2 顆
拉鍊 12.5cm········1 條
繡線：黑色、紅色
壓克力顏料：紅色

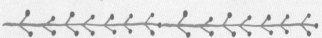

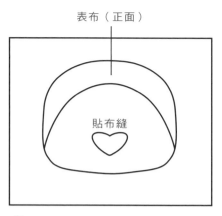

❶ 製作前片。
① 依序以藏針縫完成貼布縫圖案。

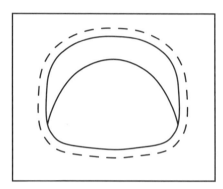

② 依紙型外加縫份後裁剪。

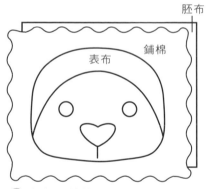

③ 表布＋鋪棉＋胚布疊合後疏縫壓線。
④ 縫上眼睛、嘴巴，畫上腮紅。

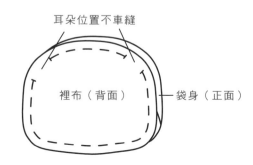

⑤ 袋身＋裡布正面相對疊合後車縫。

⑥ 剪掉鋪棉的縫份，再剪牙口，裁切口剪開。

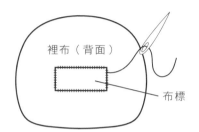

⑦ 由裁切口翻至正面，裁切口稍微縫合，
　 以布標或蕾絲、布片遮住裁切口。

⑧ 耳朵依位置夾入表布與裡布之間，縫合。

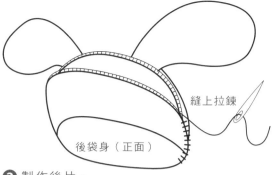

❷ 製作後片。
　 後片作法請參考前片作法❶步驟①、②、③、
　 ⑤、⑦。
❸ 前片、⑥、後片袋身縫上拉鍊。
❹ 將袋身翻至正面，前、後兩片袋身沒有與拉鍊縫合
　 之處以直針縫合。

❺ 縫上蝴蝶結即完成。蝴蝶結作法請參考P.61
　 ★廚娃小叮嚀★
　 此作品是以剪開裁切口的方式翻
　 面，也可以留返口的方式翻面。

耳朵作法

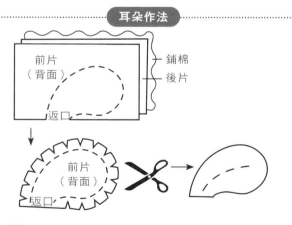

① 前片＋後片＋鋪棉（薄）如圖示正面相對疊合，
　 依紙型正面相對車縫（先不裁剪）。
② 依紙型外加縫份後修剪（剪掉鋪棉縫份）。
③ 剪牙口。
④ 由返口翻至正面。
⑤ 畫上顏色，以2股繡線壓線即完成耳朵。

阿粘熊耳朵作法

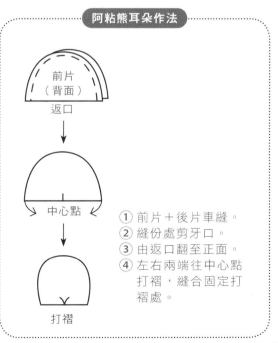

① 前片＋後片車縫。
② 縫份處剪牙口。
③ 由返口翻至正面。
④ 左右兩端往中心點
　 打褶，縫合固定打
　 褶處。

P.48

幸福廚娃

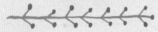

材料

膚色布	21×30cm
咖啡色布片（頭部背面）	11×13cm
裡布	13×22 cm
鋪棉	15×26 cm
蝴蝶結布片	19×42 cm
鋪棉（薄）	7×15 cm
身體布片	8×19 cm
裙子布片	7×17 cm
毛線	適量
棉花	適量
黑色釦子（眼睛）	2 顆
裝飾釦	3 個

繡線：黑色、紅色
壓克力顏料：紅色、咖啡色

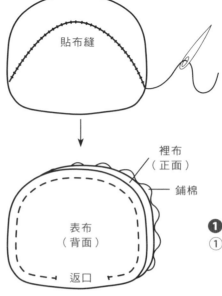

❶ 製作頭部前片。
① 完成貼布縫，表布＋裡布＋鋪棉
　正面相對疊合後車縫（留返口）。

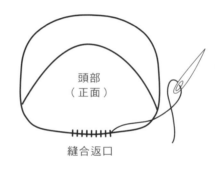

② 剪掉鋪棉的縫份，由返口翻至正
　面，返口以藏針縫縫合。

③ 縫上眼睛、眉毛、嘴巴，
　畫上鼻子、腮紅。
④ 落針壓線。
❷ 製作頭部後片。
　後片作法請參考頭部前片
　步驟①、②、④。
　（落針壓線）

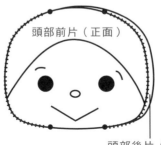

❸ 頭部與身體縫合。
① 前、後片頭部依標示記
　號以直針縫縫合。

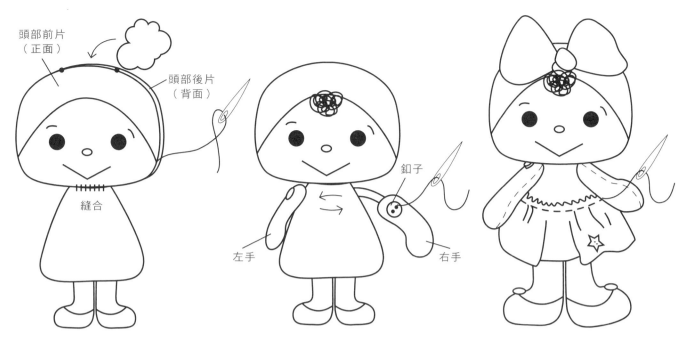

② 前、後片頭部下巴處夾入
　身體縫合完成頭部，再塞
　入棉花，以直針縫縫合。

③ 縫上頭髮。
④ 雙手順著箭頭縫合，針線由右手釦子
　穿入身體，再穿過左手釦子，再順著
　箭頭穿回右手。

⑤ 足部鞋子處縫上裝飾釦。
⑥ 將裙子套入身體再縮縫一圈。
⑦ 頭上固定蝴蝶結，蝴蝶結請參
　考P.61至P.62

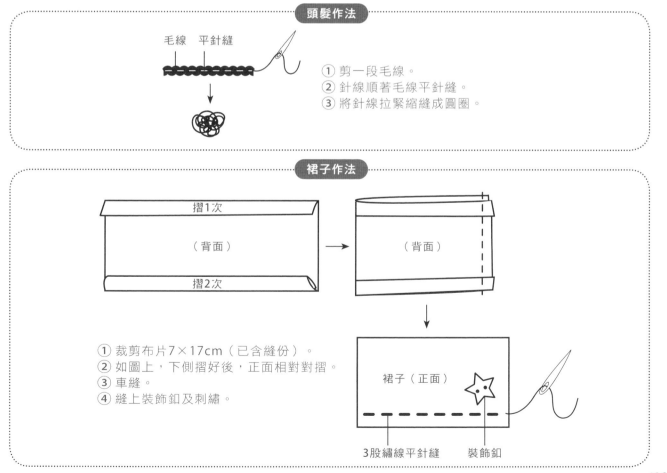

頭髮作法

① 剪一段毛線。
② 針線順著毛線平針縫。
③ 將針線拉緊縮縫成圓圈。

裙子作法

① 裁剪布片7×17cm（已含縫份）。
② 如圖上，下側摺好後，正面相對對摺。
③ 車縫。
④ 縫上裝飾釦及刺繡。

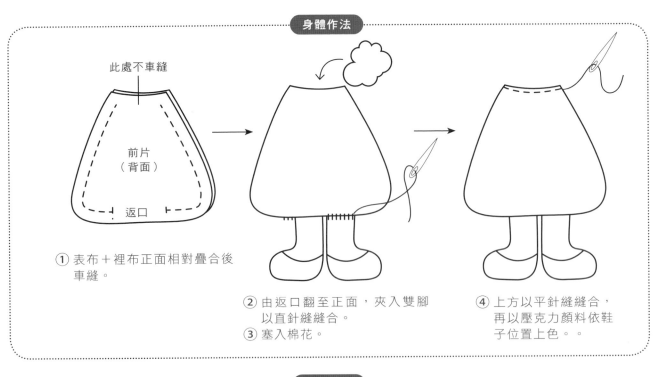

此處不車縫

前片
（背面）

返口

① 表布＋裡布正面相對疊合後
車縫。

② 由返口翻至正面，夾入雙腳
以直針縫縫合。
③ 塞入棉花。

④ 上方以平針縫縫合，
再以壓克力顏料依鞋
子位置上色。。

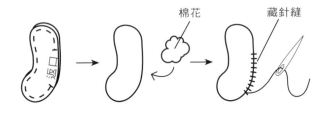

棉花　　藏針縫

① 表布＋裡布正面相對疊合後車縫（留返口）。
② 由返口翻至正面，塞入棉花。
③ 返口以藏針縫縫合。

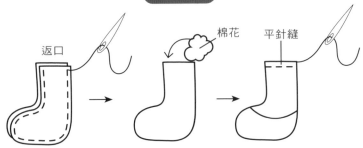

返口　　　棉花　平針縫

① 表布＋裡布正面相對疊合後車縫（留返口）。
② 由返口翻至正面，塞入棉花。
③ 上方以平針縫縫合，再以壓克力顏料依鞋子位置上色。

P.44

祝福繡框

材料（年年有餘）

A 表布	36×36cm
B 表布	23×23 cm
貼布片	適量
裡布	36×36 cm
裝飾釦	3 個
繡框 10 吋	1 組

繡線：綠色、黑色、紅色、白色
　　　深咖啡色、深藍色
壓克力顏料：黑色、紅色、白色

材料（百年好合）

A 表布	36×36 cm
B 表布	23×23 cm
貼布片	適量
裡布	36×36 cm
裝飾釦	8 個
包釦（1.6cm）	1 個
繡框 10 吋	1 組

繡線：綠色、白色、紅色
　　　深咖啡色、暗紅色、黑色
壓克力顏料：黑色、紅色、白色

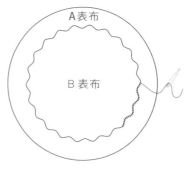

A表布
B表布

❶ A表布以挖空的方式，
以藏針縫縫於B表布上。

❷ B表布依序以藏針縫完成貼縫
圖案。

❸ 畫上眼睛、鼻子、腮紅，裝飾
各部位。

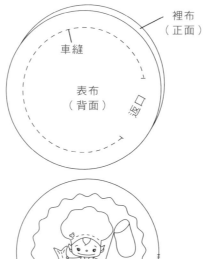

裡布
（正面）
車縫
表布
（背面）
返口

縫合返口

❹ 表布＋裡布正面相對疊合後車縫（留返口）。
❺ 由返口翻至正面，返口處以藏針縫縫合。

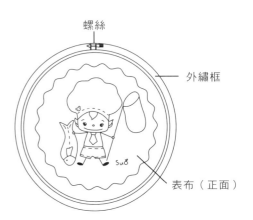

螺絲
外繡框
表布（正面）

❻ 將表布夾入內外繡框之間，
將表布繃平，再把螺絲轉緊。

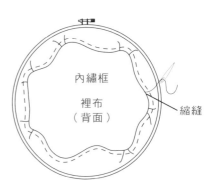

內繡框
裡布
（背面）
縮縫

❼ 翻至背面，縮縫一圈，
再順著縫一圈拉緊後打結。

完成圖。

111

P.50

動物偶收線器

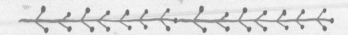

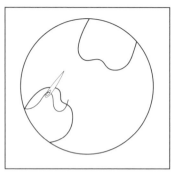

❶ 製作頭部前片。
① 表布先不裁切，將3cm包釦置
　於表布正面，沿著包釦畫圓。
② 以藏針縫完成貼布縫圖案。此
　處貼布縫的縫份請留1cm。

③ 畫上眼睛、鼻子、腮紅。
④ 依紙型將表布剪成圓形。

⑤ 表布＋鋪棉疊合，繡上眉毛、嘴巴。

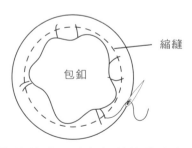

縮縫

包釦

⑥ 將剪成圓形有加鋪棉的表布
　（背面）放入包釦並縮縫。

★可參考 P.69 步驟⑥至⑧★

材料（貓咪）	
主色布	9×16cm
貼布片	適量
釦耳布片	5×6.5cm
鋪棉	7×14cm
蝴蝶結布片	5×7cm
蠟繩（細）	3cm
暗釦	1組
裝飾釦	個
包釦（3cm）	2個
繡線：黑色、咖啡色、紅色	
壓克力顏料：黑色、紅色、白色	

材料（廚娃）	
膚色布片（前片）	7×6cm
咖啡色布片（後片）	7×6cm
裡布	7×12cm
鋪棉（薄）	9×14cm
蝴蝶結布片	16×16cm
釦耳布片	5×6.5cm
頭髮	適量
暗釦	1組
繡線：黑色、紅色	
壓克力顏料：黑色、紅色、白色	

材料（小熊）	
主色布	9×18cm
貼布片	適量
身體布片	5×6cm
鋪棉	7×14cm
蠟繩（細）	4cm
釦子（眼睛）	2個
包釦（3cm）	2個
棉花	適量
別針	1支
繡線：咖啡色	
壓克力顏料：紅色	

材料（咖啡黑人）	
主色布	9×16cm
身體布片	5×6cm
鋪棉	7×14cm
蠟繩（細）	4cm
包釦（3cm）	2個
裝飾釦	1個
別針	1支
棉花	適量
毛線	適量
繡線：黑色	
壓克力顏料：黑色、紅色、白色	

❷ 製作後片。

① 以紙型裁剪表布與鋪棉，作法與前片步驟**❶**⑥相同。

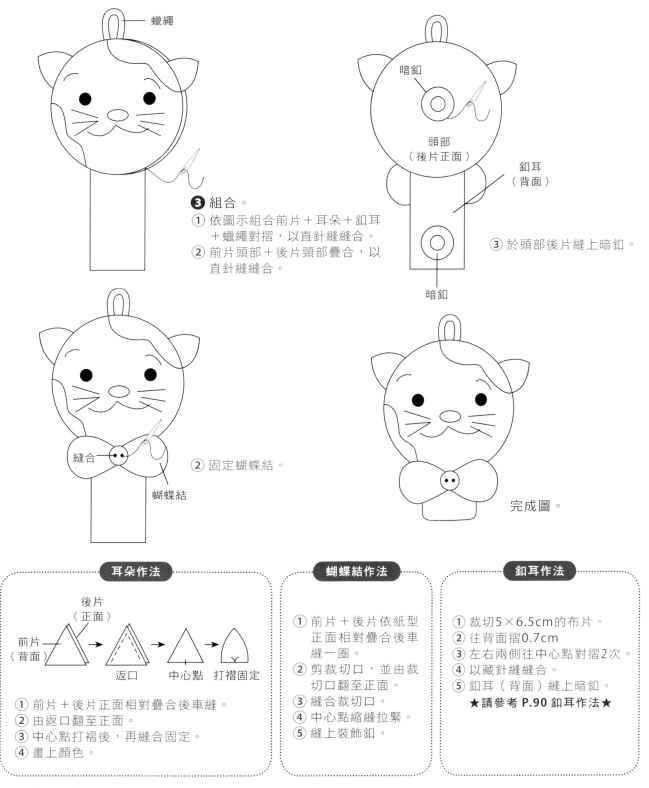

蠟繩

暗釦

頭部
（後片正面）

釦耳
（背面）

③ 於頭部後片縫上暗釦。

暗釦

❸ 組合。

① 依圖示組合前片＋耳朵＋釦耳
＋蠟繩對摺，以直針縫縫合。

② 前片頭部＋後片頸部疊合，以
直針縫縫合。

縫合

蝴蝶結

② 固定蝴蝶結。

完成圖。

耳朵作法

後片
（正面）

前片
（背面）

返口　　中心點　打褶固定

① 前片＋後片正面相對疊合後車縫。
② 由返口翻至正面。
③ 中心點打褶後，再縫合固定。
④ 畫上顏色。

蝴蝶結作法

① 前片＋後片依紙型
正面相對疊合後車
縫一圈。
② 剪裁切口，並由裁
切口翻至正面。
③ 縫合裁切口。
④ 中心點縮縫拉緊。
⑤ 縫上裝飾釦。

釦耳作法

① 裁切5×6.5cm的布片。
② 往背面摺0.7cm
③ 左右兩側往中心點對摺2次。
④ 以藏針縫縫合。
⑤ 釦耳（背面）縫上暗釦。
★請參考 P.90 釦耳作法★

★廚娃小叮嚀★

● 可依個人喜好製作需要的小物，材料也可以選用家中的零碼布，自由變換，手作的樂趣更多喲！

● 廚娃收線器可參考P.108立體廚娃頭部的作法。

拼布 GARDEN 10

手作森呼吸！魔法廚娃の好可愛貼布縫

實用拼布包・隨身布小物・生活家飾布品30選

作　　　　者／Su 廚娃
發　　行　　人／詹慶和
總　　編　　輯／蔡麗玲
執　行　編　輯／黃璟安
作　法　繪　圖／李盈儀
編　　　　輯／蔡毓玲・劉蕙寧・陳姿伶・李佳穎・李宛真
執　行　美　編／韓欣恬
美　術　編　輯／陳麗娜・周盈汝
攝　　　　影／數位美學・賴光煜
出　　版　　者／雅書堂文化事業有限公司
發　　行　　者／雅書堂文化事業有限公司
郵政劃撥帳號／18225950
戶　　　　名／雅書堂文化事業有限公司
地　　　　址／新北市板橋區板新路 206 號 3 樓
電　　　　話／(02)8952-4078
傳　　　　真／(02)8952-4084
網　　　　址／www.elegantbooks.com.tw
電　子　信　箱／elegant.books@msa.hinet.net

總經銷／朝日文化事業有限公司
進退貨地址／新北市中和區橋安街 15 巷 1 號 7 樓
電話／（02）2249-7714　傳真／（02）2249-8715

2017 年 2 月初版一刷　定價 450 元

國家圖書館出版品預行編目資料

手作森呼吸！魔法廚娃の好可愛貼布縫：實用拼布
包、隨身布小物、生活家飾布品 30 選 / Su 廚娃著 .
-- 初版 . -- 新北市：雅書堂文化 , 2017.02
　面；　公分 . -- (拼布 garden ; 10)
ISBN 978-986-302-355-5(平裝)

1. 拼布藝術 2. 手提袋

426.7　　　　　　　　　　　　　　106000406

Haori Taiwan

羽/織/手/作
www.haori-shop.com